全国技工院校3D打印技术应用专业教材

（中/高级技能层级）

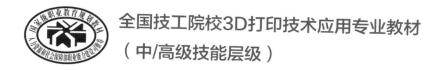

产品三维建模与造型设计
（3ds Max）

人力资源社会保障部教材办公室　组织编写

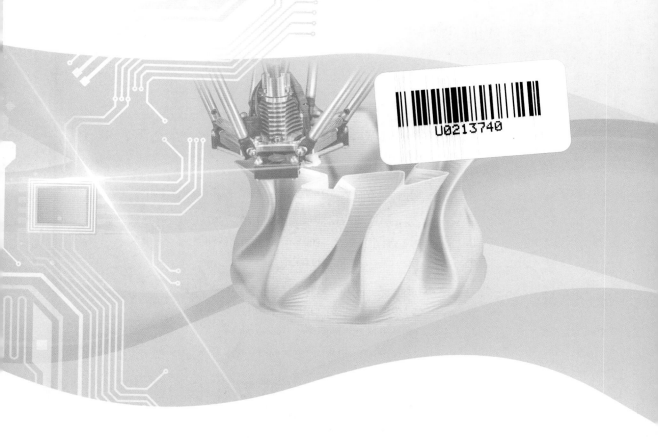

中国劳动社会保障出版社

简介

本书主要内容包括 3ds Max 入门、基础建模、修改器建模、高级建模、曲面建模和渲染等。本书为国家级职业教育规划教材，供技工院校 3D 打印技术应用专业教学使用，也可作为职业培训用书，或供从事相关工作的有关人员参考。

图书在版编目（CIP）数据

产品三维建模与造型设计：3ds Max / 人力资源社会保障部教材办公室组织编写 . -- 北京：中国劳动社会保障出版社，2021

全国技工院校 3D 打印技术应用专业教材 . 中 / 高级技能层级

ISBN 978-7-5167-5015-5

Ⅰ.①产⋯　Ⅱ.①人⋯　Ⅲ.①产品设计-三维动画软件-技工学校-教材　Ⅳ.①TB472

中国版本图书馆 CIP 数据核字（2021）第 233735 号

中国劳动社会保障出版社出版发行

（北京市惠新东街 1 号　邮政编码：100029）

*

三河市燕山印刷有限公司印刷装订　　新华书店经销

787 毫米 × 1092 毫米　16 开本　19.25 印张　407 千字

2021 年 12 月第 1 版　　2021 年 12 月第 1 次印刷

定价：**49.00 元**

读者服务部电话：（010）64929211/84209101/64921644

营销中心电话：（010）64962347

出版社网址：http://www.class.com.cn

http://jg.class.com.cn

技工院校 3D 打印技术应用专业
教材编审委员会名单

编审委员会

主　　任：刘　春　程　琦

副 主 任：刘海光　杜庚星　曹江涛　吴　静　苏军生

委　　员：胡旭兰　周　军　徐廷国　金君堂　张利军　何建铵

　　　　　庞恩泉　颜芳娟　郭利华　高　杨　张　毅　张　冲

　　　　　郑艳萍　王培荣　苏扬帆　杨振虎　朱凤波　王继武

技术支持：国家增材制造创新中心

本书编审人员

主　　编：何宇飞

副 主 编：刘阳武　贾　哲

参　　编：焦　丹　崔　奕　陈　军　王　鹭　张　倩　陈禹廷

主　　审：陈义春

前言
PREFACE

2015 年，国务院印发《中国制造 2025》行动纲领，部署全面推进实施制造强国战略，提出要坚持"创新驱动、质量为先、绿色发展、结构优化、人才为本"的基本方针，解决"核心基础零部件（元器件）、先进基础工艺、关键基础材料和产业技术基础"等问题，以 3D 打印为代表的先进制造技术产业应用和产业化势在必行。

增材制造（Additive Manufacturing）俗称 3D 打印，是融合了计算机辅助设计、材料加工与成形技术，以数字模型文件为基础，通过软件与数控系统将专用的金属材料、非金属材料以及医用生物材料，按照挤压、烧结、熔融、光固化、喷射等方式逐层堆积，制造出实体物品的制造技术。当前，3D 打印技术已经从研发转向产业化应用，其与信息网络技术的深度融合，将给传统制造业带来变革性影响，被称为新一轮工业革命的标志性技术之一。

随着产业的迅速发展，3D 打印技术应用人才的需求缺口日益凸显，迫切需要各地技工院校开设相关专业，培养符合市场需求的技能型人才。为了满足全国技工院校 3D 打印技术应用专业的教学要求，人力资源社会保障部教材办公室组织有关学校的骨干教师和行业、企业专家，开发了本套全国技工院校 3D 打印技术应用专业教材。

本次教材开发工作的重点主要体现在以下几个方面：

第一，通过行业、企业调研确定人才培养目标，构建课程体系。

通过行业、企业调研，掌握企业对 3D 打印技术应用专业人才的岗位需求和发展趋势，确定人才培养目标，构建科学合理的课程体系。根据课程的教学目标以及学生的认知规律，构建学生的知识和能力框架，在教材中展现新技术、新设备、新材料、新工艺，体现教材的先进性。

第二，坚持以能力为本位，突出职业教育特色。

教材采用项目—任务的模式编写，突出职业教育特色，项目选取企业的代表性工作任务进行教学转化，有机融入必要的基础知识，知识以够用、实用为原则，以满足社会对技能型人才的需要。同时，在教材中突出对学生创新意识和创新能力的培养。

第三，丰富教材表现形式，提升教学效果。

为了使教材内容更加直观、形象，教材中使用了大量的高质量照片，避免大段文字描述；精心设计栏目，以便学生更直观地理解和掌握所学内容，符合学生的认知规律；部分教材采用四色印刷，图文并茂，增强了教材内容的表现效果。

第四，开发多种教学资源，提供优质教学服务。

在教学服务方面，为方便教师教学和学生学习，配套提供了制作素材、电子课件、教案示例等教学资源，可通过中国技工教育网（http://jg.class.com.cn）下载使用。除此之外，在部分教材中还借助二维码技术，针对教材中的重点、难点内容，开发制作了微视频、动画等，可使用移动设备扫描书中二维码在线观看。

在教材的开发过程中，得到了快速制造国家工程研究中心的大力支持，保证了教材的编写质量和配套资源的顺利开发，在此表示感谢。此外，教材的编写工作还得到了河北、辽宁、江苏、山东、河南、广东、陕西等省人力资源社会保障厅及有关学校的大力支持，在此我们表示诚挚的谢意。

人力资源社会保障部教材办公室

2019 年 6 月

目录
CONTENTS

3ds Max 入门

任务　制作茶具摆设场景

 学习目标

1. 掌握启动、退出 3ds Max 2018 软件的方法。

2. 熟悉 3ds Max 2018 软件的工作界面。

3. 能熟练设置视口背景、单位，使用快捷键切换视图，选择并移动、缩放、旋转对象等。

4. 熟悉命令面板中创建面板、修改面板的基本概念等。

5. 掌握 3ds Max 2018 的基本编辑操作。

 任务引入

本任务要求完成如图 1-1-1 所示茶具摆设场景的制作。通过对 3ds Max 2018 软件自带茶壶模型的创建、编辑，快速熟悉 3ds Max 2018 软件的工作界面以及基本编辑操作，掌握常用操作命令的快捷方式，熟悉鼠标操作以及鼠标和键盘的配合使用。

图 1-1-1　茶具摆设场景

相关知识

3ds Max 2018 的工作界面如图 1-1-2 所示，包括标题栏、菜单栏、主工具栏、Ribbon 工具栏、场景资源管理器、状态栏、视口区域（各视图区统称）、命令面板、视口导航控制区等区域。

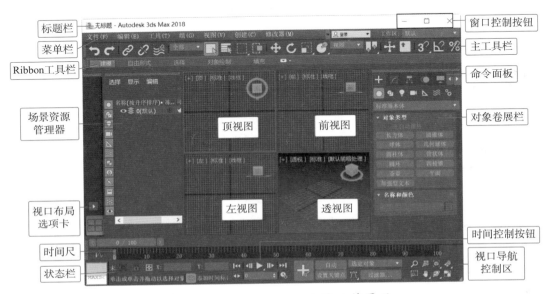

图 1-1-2　3ds Max 2018 的工作界面

一、标题栏

3ds Max 2018 的标题栏位于界面的最顶部，用于显示当前编辑的文件名称和当前软件的版本，右侧包括最小化、最大化（或恢复原大小）和关闭窗口三个窗口控制按钮，如图 1-1-3 所示。

图 1-1-3　标题栏

二、菜单栏

3ds Max 2018 的菜单栏位于屏幕界面的第二行，各项菜单展开后，显示的命令名称后带有"…"的表示会弹出相应的对话框，带有" ▶ "的表示还有下一级菜单。菜单栏各项目如图 1-1-4 所示。

文件(F)　编辑(E)　工具(T)　组(G)　视图(V)　创建(C)　修改器(M)　动画(A)　图形编辑器(D)

渲染(R)　Civil View　自定义(U)　脚本(S)　内容　　　》登录　　▼　工作区：默认　　　　▼

图 1-1-4　菜单栏

菜单栏中的大多数命令都可以在相应的命令面板、主工具栏或通过快捷键找到，且远比在菜单栏中执行命令方便得多，下面列举几个常用菜单。

1."文件"菜单

"文件"菜单的内容如图 1-1-5 所示。选择"保存"和"另存为"可以保存当前文件，文件格式为"*.max"，保存类型默认为"3ds Max"，可在 2018 版或更高版本的 3ds Max 软件中打开。如果想在低版本软件中打开文件，可选择保存相应的版本类型，最低可以保存为"3ds Max 2015"版本。如果想保存为通用格式"STL"，需要选择"导出"→"导出…"，并将保存类型选为"STL（*.STL）"。

小贴士

双击桌面的快捷图标 或者执行"开始"→"所有程序"→"Autodesk"→"Autodesk 3ds Max 2018"→ 命令可以新建或打开文件；打开已有文件可执行"文件"→"打开…"命令，通过路径选择需要打开的文件，或将文件直接拖拽至软件工作区，选择"打开文件"选项；拖拽方式中"合并文件"的作用是添加"*.max"格式的文件到当前场景中；而把其他格式的文件（如 AutoCAD 的"*.dwg"文件、三维软件通用格式"*.stl"文件等）加入场景中需执行"文件"→"导入"→"导入…"命令。

2."编辑"菜单

"编辑"菜单的内容如图 1-1-6 所示。其中"移动""旋转""缩放""放置"命令的使用频率很高，在主工具栏中设有快捷按钮。

小贴士

打开菜单后，每个命令对应的快捷键就附在命令之后，例如"撤销创建"命令的快捷键为"Ctrl+Z"，如图 1-1-6 所示。

3."自定义"菜单

"自定义"菜单的内容如图 1-1-7 所示。通过"自定义"菜单，用户可根据自己的使用习惯，对软件本身的界面、参数、默认属性等进行设置。

（1）执行"自定义"→"自定义用户界面…"命令，弹出"自定义用户界面"对话框，选择"颜色"选项卡，在"元素"下拉列表中选择"视口"→"视口背景"，然后在右侧的"颜色"选择器中选择所要更改的颜色，单击"确定"按钮，即可改变视口的背景颜色，如图 1-1-8 所示。

图 1-1-5 "文件"菜单

图 1-1-6 "编辑"菜单

图 1-1-7 "自定义"菜单

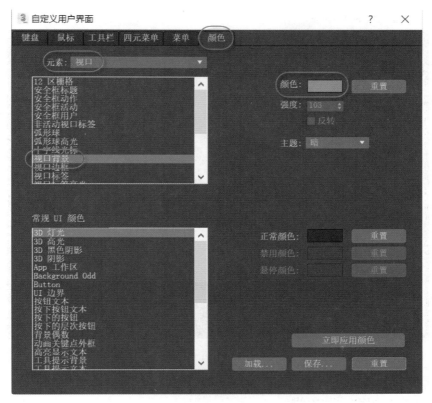

图 1-1-8 "自定义用户界面"对话框

　　用改变视口背景颜色的方法还可以改变软件中其他元素的颜色和其他项目的参数，为了在更换计算机后不再重新设置这些使用习惯，可执行"自定义"→"保存自定义用户界面方案…"命令，弹出"保存自定义用户界面方案"对话框，将用户界面方案文件（*.ui）保存在自设路径内。

　　3ds Max 2018 自带了三种用户界面（UI）方案，默认为深色（ame-dark.ui）。换成浅色方案的方法为，执行"自定义"→"加载自定义用户界面方案…"命令，弹出"加载自定义用户界面方案"对话框，如图 1-1-9 所示。选择"ame-light.ui"，单击"打开"按钮，设置后界面效果如图 1-1-10 所示。

　　（2）把系统单位和显示单位设为毫米。执行"自定义"→"单位设置…"命令，弹出"单位设置"对话框，将"显示单位比例"和"系统单位设置"对话框（单击"系统单位设置"按钮即可打开）中的"系统单位比例"均改为毫米，如图 1-1-11 所示。

　　（3）执行"自定义"→"首选项…"命令，弹出"首选项设置"对话框，在"常规"选项卡中设置"场景撤销级别"为 300，如图 1-1-12 所示。这是确定场景可"后退创建"的步数。

图 1-1-9 "加载自定义用户界面方案"对话框

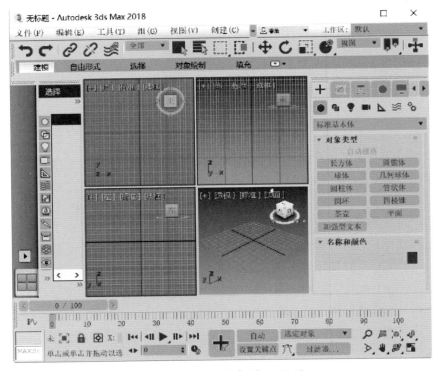

图 1-1-10 浅色界面效果

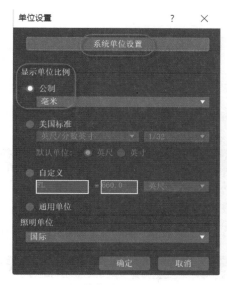

a）"单位设置"对话框　　　　　　　　b）"系统单位设置"对话框

图 1-1-11　设置系统单位和显示单位为毫米

图 1-1-12　"首选项设置"对话框

三、主工具栏

主工具栏是 3ds Max 中最常用的工具栏，位于菜单栏的下方。主工具栏集合了一些最常用的操作与编辑工具按钮，图 1-1-13 所示为初始状态下的主工具栏。

图 1-1-13　主工具栏

在主工具栏中，有些按钮的右下角有一个小三角形标记，单击该按钮并按住鼠标不放就会弹出下拉工具列表。以"选择并均匀缩放"按钮为例，单击 🔲 并按住鼠标不放，便会弹出如图 1-1-14 所示的缩放工具列表。

🦋 小贴士

显示或隐藏主工具栏的方法：执行菜单栏中的"自定义"→"显示"→"显示主工具栏"命令，即可显示或关闭主工具栏，也可以按键盘上的"Alt ＋ 6"组合键进行切换。

1. 选择过滤器 全部 ▼

用于对象选择，可设置仅显示指定项或显示全部，默认显示全部，下拉列表选项如图 1-1-15 所示。

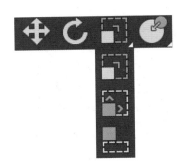

图 1-1-14　缩放工具列表

图 1-1-15　选择过滤器列表

2."按名称选择"按钮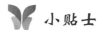

单击"按名称选择"按钮（快捷键"H"），弹出"从场景选择"对话框，如图 1-1-16 所示。对话框中列出了当前项目中各个对象的名称，单击对象名称使其呈蓝底状态时，表示选中了该对象，单击"确定"按钮关闭对话框，在各个视图中，所选对象变成了选中状态。在对话框中可以按名称选择，也可按住"Ctrl"键增加、减少选择项，或者按住"Shift"键进行连续选择。

图 1-1-16 "从场景选择"对话框

🦋 **小贴士**

"从场景选择"对话框的顶部工具栏可以指定显示在对象列表中的对象类型，包括几何体、图形、灯光、摄影机、辅助对象、空间扭曲、组、对象外部参照、骨骼和容器，这些均在工具栏中以按钮形式显示，默认状态为开。单击工具栏中的按钮，则列表中该类型的对象将会被隐藏。

3."窗口 / 交叉"按钮

在按区域选择时，利用"窗口 / 交叉"按钮可以实现窗口和交叉模式之间的切换。选择区域种类如图 1-1-17 所示。按钮处于未激活状态时，显示效果为 （交叉模式），这时只要选择区域包含对象的一部分即可选中对象，如图 1-1-18 所示；当按钮处于激活状态时，显示效果为 （窗口模式），这时需要选择区域包含对象的全部才能将其选中，如图 1-1-19 所示。

图 1-1-17 选择区域种类

4.变换按钮（移动、旋转、缩放等）

（1）利用"选择并移动"按钮 （快捷键"W"）可以将选定对象在三维空间中移动，常被简称为"移动"。

红、绿、蓝分别表示 X、Y、Z 轴，活动轴颜色会变为黄色，但箭头颜色仍保持不变，移动时仅沿活动轴或活动面移动，如图 1-1-20 所示。如果要将对象精确移动一定的距离，可以右击"选择并移动"按钮，在弹出的"移动变换输入"对话框中输入移动距离，如图 1-1-21 所示。

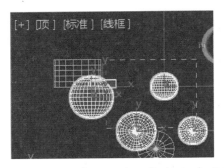

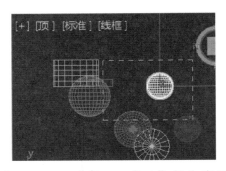

图 1-1-18　"窗口 / 交叉"按钮未激活　　图 1-1-19　"窗口 / 交叉"按钮激活

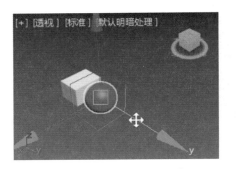

图 1-1-20　沿 Y 轴移动

图 1-1-21　"移动变换输入"对话框

 小贴士

在"移动变换输入"对话框中，绝对移动是以场景的世界坐标定位移动后点的位置，偏移移动是前后位置各轴向的差值。

（2）利用"选择并旋转"按钮 ⟳ （快捷键"E"）可以将选定对象在三维空间中旋转，常被简称为"旋转"。

对象可以绕 X、Y、Z 轴中任一活动轴（黄色）旋转，如图 1-1-22 所示。或者将光标移到旋转轴内部，按下鼠标左键，待出现半透明灰色时进行三维任意旋转，如图 1-1-23 所示。如果需要旋转精确的角度，可以右击"选择并旋转"按钮，在弹出的"旋转变换输入"对话框（见图 1-1-24）中输入旋转角度的数值。

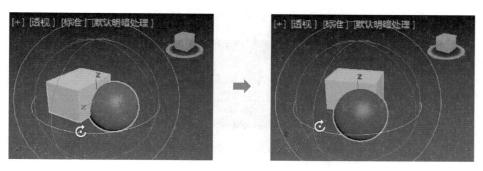

图 1-1-22　绕 Z 轴旋转

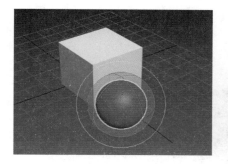

图 1-1-23　三维任意旋转

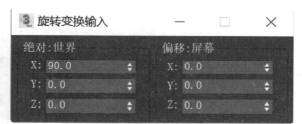

图 1-1-24　"旋转变换输入"对话框

（3）利用"选择并均匀缩放"按钮 ▣（快捷键"R"）可以将选定对象在三维空间中缩放，常被简称为"缩放"。

对象可以在 X、Y、Z 轴中任一活动轴（黄色）上缩放，也可以在 XY、XZ、YZ 平面方向和 XYZ 三维方向上进行缩放，如图 1-1-25 所示。如果要将对象精确缩放一定的比例，可以右击"选择并均匀缩放"按钮，在弹出的"缩放变换输入"对话框（见图 1-1-26）中输入缩放比例值。

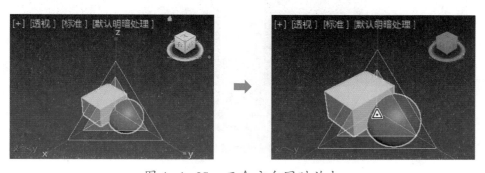

图 1-1-25　三个方向同时放大

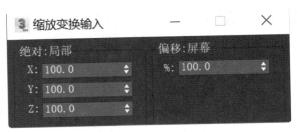

图 1-1-26　"缩放变换输入"对话框

　小贴士

"选择并缩放"工具还包含其他两种缩放方式，其中"选择并非均匀缩放"工具 可以根据活动轴的约束以非均匀方式缩放对象，如图 1-1-27 所示。"选择并挤压"工具 可以创建"挤压并拉伸"效果，如图 1-1-28 所示。

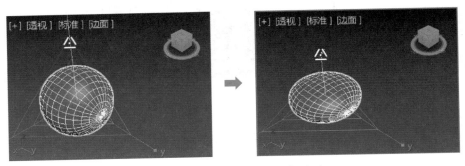

图 1-1-27　仅 Z 轴方向缩小

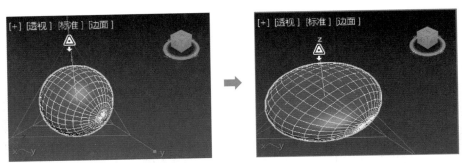

图 1-1-28　Z 轴方向缩小且 XY 平面方向放大

（4）利用"选择并放置"按钮 可将对象准确定位在另一个对象的曲面上并保持法线方向相同，可简称"放置"。

当该工具处于活动状态时，单击对象将其选中，然后拖动鼠标将对象移动到另一个对象上，即可将其放置到另一个对象上并保持法线方向与对齐曲面法线方向相同。

利用"选择并旋转"按钮 可以使对象围绕放置曲面的法线方向旋转。默认基础曲面的接触点是对象的轴心（选择对象轴心与目标物体表面对齐），如果要将对象底座作为接触点（选择对象整体在目标物体表面），可以右击"选择并放置"按钮，在弹出的"放置设置"对话框（见图 1-1-29）中选中"使用基础对象作为轴"选项。

图 1-1-29 "放置设置"
对话框

🦋 小贴士

在执行"选择并移动""选择并旋转""选择并均匀缩放"和"选择并放置"命令时，若同时按住"Shift"键，会弹出"克隆选项"对话框（见图 1-1-30），可以实现快速复制。该对话框中各选项的含义如下。

复制：复制后的物体与父物体没有关联。

实例：复制后的物体与父物体保持属性关联。

参考：复制后的物体的属性受父物体约束，但自身没有参数。

副本数：复制物体的个数。

5."捕捉开关"按钮 3^2 2^2_5 2^2

"捕捉开关"按钮（快捷键"S"）包含"3 维捕捉""2.5 维捕捉"和"2 维捕捉"三个选项。利用"对象捕捉"按钮可以在创建或变换时捕捉现有几何体的特定部分，如中点、端点、栅格等。

（1）"2 维捕捉"只能捕捉平面上的点。

（2）"2.5 维捕捉"可以捕捉不在同一平面上的点，但是画出的线只在一个平面上。

（3）"3 维捕捉"可以捕捉三维空间中的任何位置，画出的线可能不在一个平面上。

右击"捕捉开关"按钮，可以弹出"栅格和捕捉设置"对话框，在该对话框中可以设置捕捉点类型和其他相关选项，如图 1-1-31 所示。

图 1-1-30 "克隆选项"对话框

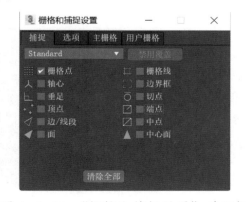

图 1-1-31 "栅格和捕捉设置"对话框

6. "角度捕捉切换"按钮

单击"角度捕捉切换"按钮（快捷键"A"）可启用角度捕捉。角度捕捉增量的默认设置为 5 度，右击"角度捕捉切换"按钮，可以弹出"栅格和捕捉设置"对话框，在"选项"选项卡的"角度"文本框中可以更改角度增量，如图 1-1-32 所示。

7. "镜像"按钮

当场景中的物体之间具有某种对称性时，镜像操作就非常有用，如绘制桌子对立两侧放置的两把椅子。选中要镜像的对象后，单击"镜像"按钮，可以弹出"镜像：世界坐标"对话框（见图 1-1-33），在该对话框中可以对"镜像轴"和"克隆当前选择"进行设置。

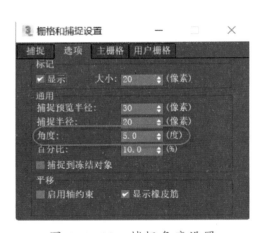

图 1-1-32　捕捉角度设置

图 1-1-33　"镜像：世界坐标"对话框

 小贴士

"镜像：世界坐标"对话框中各选项的含义如下。

复制：两对象参数无关联，改变任一对象参数，另一对象参数保持不变。

实例 / 参考：新对象和原对象同步变化，改变任一对象参数，另一对象的参数随之改变。

偏移：镜像前后两对象轴心之间的距离。

8. 对齐按钮

对齐按钮包括六种，如图 1-1-34 所示。

（1）"对齐"按钮（快捷键"Alt+A"）

可将当前选定对象与目标对象对齐。选择要对齐的对象后，单击"对齐"按钮，然后选择对齐的目标对象，会弹出标题栏上带有目标对象名称的"对齐当前选择"对话框（见

图 1-1-35），可以多轴同时设置，也可单轴依次设置后单击"应用"按钮完对齐设置，最后单击"确定"按钮关闭对话框。

图 1-1-34　六种对齐按钮

图 1-1-35　"对齐当前选择"对话框

（2）"快速对齐"按钮 （快捷键"Shift+A"）

使用"快速对齐"按钮可将当前选择的对象与目标对象立即对齐，如果当前选择的是单个对象，则快速对齐是将两个对象的轴心对齐。

（3）"法线对齐"按钮 （快捷键"Alt+N"）

法线对齐可基于对象上选择的法线方向将两个对象对齐。选择第一个对象后单击"法线对齐"按钮 ，在该对象的面上单击确定一条法线，然后单击目标对象上的面，两对象按法线对齐并弹出"法线对齐"对话框（见图 1-1-36），在对话框中可进行 X、Y、Z 轴方向精确位置偏移或旋转一定角度的设置，如图 1-1-37 所示。

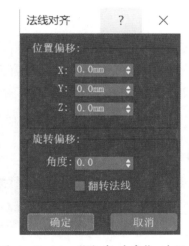

图 1-1-36　"法线对齐"对话框

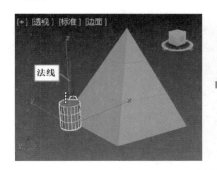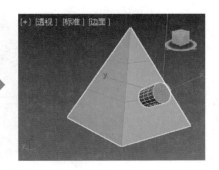

图 1-1-37　圆柱与棱锥面法线对齐

（4）"放置高光"按钮 ![icon]（快捷键"Ctrl+H"）

可将灯光或对象对齐到另一对象，以便精确定位其高光或反射。

（5）"对齐摄影机"按钮 ![icon]

可将摄影机与选定的面法线对齐。

（6）"对齐到视图"按钮 ![icon]

单击"对齐到视图"按钮会弹出"对齐到视图"对话框（见图 1-1-38），可以设置将对象或子对象选择的局部轴与当前视图对齐。该工具适用于任何可变换的选择对象。

图 1-1-38 "对齐到视图"
对话框

四、视口区域

视口区域是 3ds Max 的主要工作区域，系统默认视口区域为顶视图、前视图、左视图、透视图 4 个面积相等视图的"田字形"摆放。单击鼠标左键或右键均可激活视图，激活的视图称为活动视图，四周边框为黄色。左键和右键激活的区别在于右键激活不影响当前操作，左键激活取消当前操作。

1. 活动视口最大化切换的方法

（1）利用快捷键"Alt+W"实现活动视口最大化显示和默认显示之间的切换。

（2）单击 3ds Max 界面右下角视口导航控制区的"最大化视口切换"按钮 ![icon]。

（3）单击视口左上角的【+】，在弹出的菜单中选择"最大化视口"。

（4）在"视口布局选项卡"中添加常用视口布局后，在布局窗口列表中单击点选切换。

2. 每个视口视图切换其他视图的方法

（1）利用快捷键。前视图（F）、顶视图（T）、左视图（L）、底视图（B）、透视图（P）、摄影机视图（C）。

（2）单击视口左上角的视图名称，如【透视】，在弹出的菜单中选择目标视图。

3. 切换视图显示模式的方法

常用视图显示模式有"面""线框"和"面＋边面"显示模式，如图 1-1-39 所示。

（1）利用快捷键。在当前视口，按下"F3"键，可在"面"显示模式和"线框"显示模式间切换；在"面"显示模式下，按下"F4"键，可在"面"显示模式和"面＋边面"显示模式间切换。

（2）单击视口左上角的【默认明暗处理】，在弹出的菜单中选择目标显示模式。

a）"面"显示模式

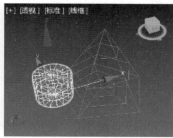
b）"线框"显示模式

c）"面+边面"显示模式

图 1-1-39　常用视图显示模式

 小贴士

利用快捷键"Alt+X"可实现对选中对象的半透明显示切换，如图 1-1-40 所示。

图 1-1-40　半透明显示

五、视口导航控制区

状态栏的最右边是视口导航控制区，包含 8 组命令按钮（见图 1-1-41），利用这些按钮可以调整视图的显示效果，以便用户更好地对场景对象进行观察，在视口中右击可关闭当前操作。

图 1-1-41　视口导航控制区

1."缩放"按钮

单击按钮后，在视口中按住左键不放，上、下拖拉鼠标，视口中的场景就会以鼠标所在点为中心将对象拉近或推远。快捷方式为滚动鼠标中键（下文简称中键）。

2."缩放所有视图"按钮

功能同"缩放"按钮，并且可以将所有视图同时缩放。

3."最大化显示选定对象"按钮 （"最大化显示"按钮 ）

此按钮只能影响一个视口。

4. "所有视图最大化显示选定对象"按钮 ▦ （"所有视图最大化显示"按钮 ▦ ）

此按钮可以同时影响所有视口。

5. "视野"按钮 ▶ （"缩放区域"按钮 ▦ ）

"视野"按钮 ▶ 只能在透视视口中使用，场景中的视角和视景会以视口中心为缩放中心变化；"缩放区域"按钮 ▦ 可以在任何视口中将框选的指定区域放大。

6. "平移视图"按钮 ✋ （"2D 平移缩放模式"按钮 ▦ / "穿行"按钮 ▦ ）

单击按钮 ✋ 后，视口中的光标变为小手，按住左键可以移动视口内的场景，快捷方式为按压中键； ▦ 和 ▦ 只能在透视视口中使用， ▦ 的功能可用键盘方向键控制。

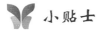 **小贴士**

在平移视图时，按住"Shift"键可以使移动限制在垂直或水平方向，按住"Ctrl"键可以提高移动速率。

7. "环绕"按钮 🪐 （"选定的环绕"按钮 🪐 / "环绕子对象"按钮 🪐 / "动态观察关注点"按钮 ◯ ）

"环绕"按钮 🪐 用于以视图中心为支点旋转对象。单击按钮 🪐 后，光标在旋转环内变为 ✛ ，按住左键可以任意旋转视图，快捷方式为"Alt"键 + 按压中键；光标停在旋转环节点上变成 ✛ （或 ✛ ）时仅能垂直（或水平）旋转；光标在旋转环外变为 ↻ 时仅能在视图平面内旋转。 🪐 （ 🪐 ）用于以选定的对象（或选定的子对象）中心为支点旋转对象（或子对象）； ◯ 用于以光标位置（关注点）为支点旋转对象，旋转时旋转中心有高亮小绿点提示。

六、提示与坐标区

提示与坐标区在状态栏的最左边，如图 1-1-42 所示。

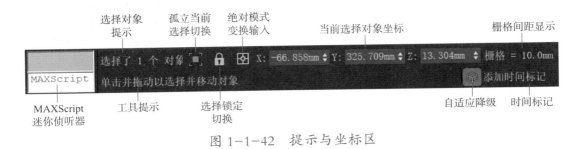

图 1-1-42　提示与坐标区

单击"选择锁定切换"按钮 🔓 后，按钮变为 🔒 ，此时锁定用户选择的物体，且不可以选其他物体，快捷键是空格键。

"绝对模式变换输入"按钮显示为 ▦ ，在绝对模式变换输入模式下输入的坐标值为 X、

Y、Z 轴的绝对坐标值（例如，输入 $X=Y=Z=0$，对象中心与坐标原点重合）。单击该按钮后转换为"偏移模式变换输入"按钮，即将对象以当前所在位置为起始点，沿相应的轴精确偏移。例如，对象轴心现坐标为（5，11，12），在 X 轴坐标文本框中输入 10 后，模型轴心坐标为（15，11，12）。

"孤立当前选择切换"按钮 可以将非选择对象暂时隐藏。

七、命令面板

命令面板位于视口区域右侧（见图 1-1-43），包含大量创建对象和编辑对象的命令，它是使用频率较高的工作区，场景中大多数对象都在这里编辑完成。命令面板最上层包含"创建""修改""层次""运动""显示"和"实用程序"6 个面板，每个面板又包含不同的分支内容。

图 1-1-43　命令面板

1. "创建"面板

单击命令面板中的"创建"按钮 ，进入"创建"面板，如图 1-1-44 所示。

"创建"面板包括"几何体""图形""灯光""摄影机""辅助对象""空间扭曲"和"系统"7 个选项卡，每一个选项卡都包含了许多创建按钮和命令，用户可以通过使用这些创建按钮和命令创建出不同的模型。

2. "修改"面板

单击命令面板中的"修改"按钮 ，进入"修改"面板，如图 1-1-45 所示为初始状态下的"修改"面板。此面板是 3ds Max 最重要的面板之一，该面板主要用来调整场景对象的参数，同样可以使用该面板中的修改器来调整对象的几何形体。

图 1-1-44　"创建"面板

3. "层次"面板

"层次"面板如图 1-1-46 所示，包含了"轴""IK"和"链接信息"3 个按钮。其中，"轴"按钮用于在调整变形时移动并调整对象的轴；"IK"按钮和"链接信息"按钮用于在创建动画效果时生成多个对象相关联的复杂运动。

4. "运动"面板

"运动"面板如图 1-1-47 所示，"运动"面板中的工具与参数主要用来调整选定对象的运动属性。

5. "显示"面板

"显示"面板如图 1-1-48 所示，主要用来控制对象在视口中的显示或隐藏。它可以为

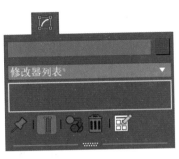

图 1-1-45　"修改"面板

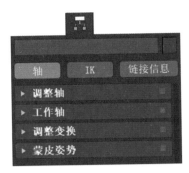

图 1-1-46　"层次"面板

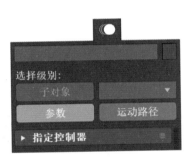

图 1-1-47　"运动"面板

图 1-1-48　"显示"面板

单个对象设置显示参数，还可以控制对象的隐藏或冻结，以及设置所有的显示参数。

6."实用程序"面板

在"实用程序"面板中可以访问各种工具程序，例如塌陷、颜色剪贴板、测量等，如图 1-1-49 所示。使用时只需单击相应按钮或从附加的程序列表中选择。

📖 任务实施

一、建立文件

1. 创建 3ds Max 2018 文件

双击桌面的"3ds Max 2018"快捷图标 ，打开软件。在菜单栏中执行"文件"→"保存"命令，弹出"文件

图 1-1-49　"实用程序"
面板

另存为"对话框，选择保存路径为"D:\3ds Max 2018\"，在"文件名"文本框中输入任务名称"1_1茶具摆设"，保存类型为默认的"3ds Max（*.max）"，单击"保存"按钮确定退出。

 小贴士

虽然软件自带的"自动备份"功能默认状态为"启用"，系统会每5 min在"文档\3dsMax\autoback"文件夹内保存名为"AutoBackup"的备用找回文件（其设置可在"首选项设置"对话框的"文件"选项卡内更改），但还应注意养成经常保存（快捷键"Ctrl+S"）文件的习惯，避免因任何意外造成损失。

2. 设置单位

在菜单栏中执行"自定义"→"单位设置"命令，弹出"单位设置"对话框。选择"公制"单选按钮，将单位设置为"毫米"。单击"系统单位设置"按钮，弹出"系统单位设置"对话框，将"系统单位比例"设置为"1单位 =1毫米"，然后单击"确定"按钮退出。

 小贴士

（1）国外软件大都采用英制单位，绘图前要注意单位的确定，保证模型的准确性。软件安装后系统单位设置一次即可。

（2）使用快捷键会使绘图事半功倍，常用快捷键见表1-1-1。另外，需要配合鼠标的快捷操作有：平移当前视口为按住中键并移动鼠标，旋转当前视口中的对象为"Alt"键＋按压中键并移动鼠标，放大当前视口为向前滚动中键，缩小当前视口为向后滚动中键。

▼ 表1-1-1　常用快捷键

序号	命令	快捷键	序号	命令	快捷键	序号	命令	快捷键
1	俯（上、顶）视图	T	7	✥	W	13	▣	R
2	前视图	F	8	↻	E	14	▤	Alt+A
3	左视图	L	9	栅格开关	G	15	保存文件	Ctrl+S
4	透视图	P	10	边面显示	F4	16	全选	Ctrl+A
5	仰（下）视图	B	11	包围框	J	17	反选	Ctrl+I
6	当前视口最大化	Alt+W	12	最大化显示当前对象	Z	18	撤销（一步一步回退）	Ctrl+Z

二、制作茶具摆设场景

1. 创建茶壶

在右侧命令面板的"创建"面板中选择"几何体"选项卡，单击"标准基本体"菜单中的"茶壶"按钮，绘制如图 1-1-50 所示的茶壶模型，并在"参数"卷展栏中设置半径 = 30 mm，其余参数均采用默认设置（后面未提及参数均采用默认值），如图 1-1-51 所示，然后在当前视图中右击退出。

图 1-1-50　创建茶壶

图 1-1-51　设置茶壶参数

 小贴士

退出创建对象时打开的"参数"卷展栏后，若要再次打开"参数"卷展栏，可选中对象后，在右侧命令面板的"修改"面板中找到该对象的"参数"卷展栏并进行参数设置。

2. 移动复制茶壶

单击"选择并移动"按钮 ✥，按住"Shift"键并把光标放在 X 轴上拖动一小段距离后，弹出"克隆选项"对话框，选择"复制"单选按钮，将"副本数"设置为 2，最终效果如图 1-1-52 所示。

图 1-1-52　移动复制茶壶

3. 缩放茶壶

选中最左边的茶壶后，单击"选择并均匀缩放"按钮![button]，向上拖动 Z 轴，效果如图 1-1-53 所示。

4. 旋转复制茶壶

选中最右侧茶壶后，用"选择并移动"命令![button]将其移动至适当位置，单击"选择并旋转"按钮![button]，按住"Shift"键并把光标放在水平面（黄色）轴上拖动一小段距离后，弹出"克隆选项"对话框，选择"实例"单选按钮，将"副本数"设置为 3，最终效果如图 1-1-54 所示。

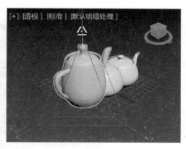

图 1-1-53　沿 Z 轴放大

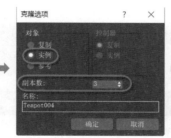

图 1-1-54　旋转复制 3 个实例茶壶

5. 茶壶改茶杯

打开右侧"修改"面板，如图 1-1-55 所示。在"参数"卷展栏中将半径改为 20 mm，关闭"壶把""壶嘴""壶盖"，使茶壶变为茶杯，并分别移动至适当位置。

6. 茶壶改茶盘

选中如图 1-1-56 所示茶杯，在"修改"面板中单击"使唯一"按钮![button]，使此茶杯脱离与其他 3 个茶杯的参数关联，然后在"参数"卷展栏中修改半径 =40 mm、分段 =8。单击"选择并均匀缩放"按钮![button]不放，将其切换为"选择并挤压"，向下拖动 Z 轴压缩茶杯为茶盘，如图 1-1-56 所示。

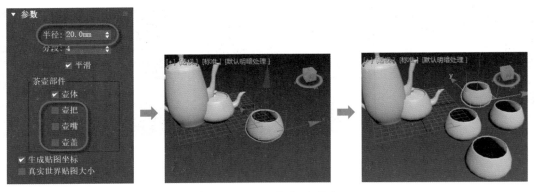

图 1-1-55　茶壶改茶杯

图 1-1-56　茶杯改茶盘

7. 利用坐标移动茶盘

保持茶盘选中状态，单击按钮 ✛，在底部状态栏中将坐标依次修改为 X=50 mm、Y=−150 mm、Z=0 mm（见图 1-1-57），在前视图中观察效果如图 1-1-58 所示。

图 1-1-57　茶盘绝对坐标

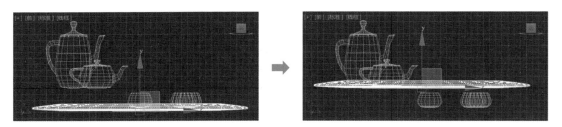

图 1-1-58　坐标变换效果

8. 调整透视图显示模式

为了便于观察，按"F4"键切换显示模式为"边面"，按"G"键关闭栅格显示，按

"Alt+W"键单窗口显示透视图，效果如图 1-1-59 所示。
观察后按"Alt+W"键切换回默认的四视口状态。

 小贴士

使用键盘单字母快捷键（例如"G"键）时需要将输入
法切换为英文状态。

9. 对齐茶杯茶盘

在前视图中框选 3 个茶杯，单击主工具栏中"对齐"按
钮 █（快捷键"Alt+A"），然后在透视图中单击茶盘模型，

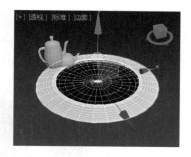

图 1-1-59　透视图边面
显示状态

弹出"对齐当前选择"对话框，依次选择"Z 位置"→"当前对象：最小"→"目标对象：
中心"，效果如图 1-1-60 所示。使用快捷键"P"切换为透视图，按"W"键切换为 ✛，
选中 XY 平面，将茶杯移动到适当位置，如图 1-1-61 所示。

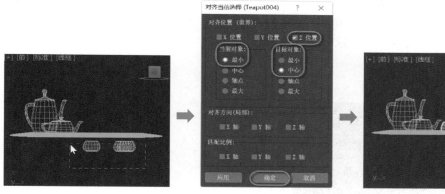

图 1-1-60　茶杯的对齐操作

图 1-1-61　水平面内平移茶杯

10. 缩放、镜像复制茶壶

选中视图中的一个茶壶，按住"Ctrl"键同时点选另一个茶壶，然后选中 XY 平面将两

者一起移动到适当位置，松开"Ctrl"键，再按住"Alt"键同时点选大茶壶将其取消选中，在主菜单中单击 ▣，拖动手柄放大小茶壶 1# 的同时按住"Shift"键，在弹出的"克隆选项"对话框中选择"复制"单选按钮，将"副本数"设置为 1，如图 1-1-62 所示。

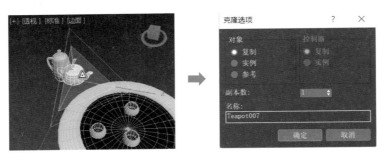

图 1-1-62　放大小茶壶并复制

按"W"键切换为 ✛，将复制出的 2# 茶壶移动到适当位置，单击"镜像"按钮 ▣，在弹出的"镜像：世界坐标"对话框中设置镜像轴为 Y、偏移距离为 −50 mm，选择"复制"单选按钮，效果如图 1-1-63 所示，镜像复制出 3# 茶壶。

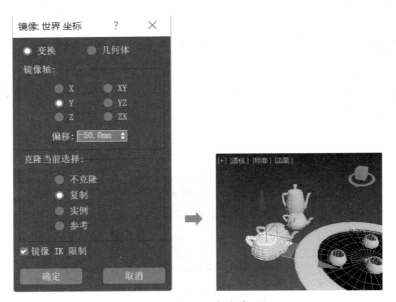

图 1-1-63　镜像复制

选中 3# 茶壶，单击 ◪，在"修改"面板的"茶壶部件"复选项中只勾选"壶盖"，其余关闭。选中 2# 茶壶，单击 ◪，在"修改"面板中将"茶壶部件"复选项中的"壶盖"关闭，其余保留。旋转、移动 3# 茶壶到适当位置，效果如图 1-1-64 所示。

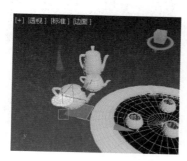

a）3# 茶壶保留壶盖

b）2# 茶壶去掉壶盖

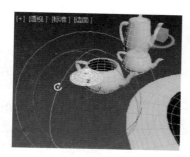

c）3# 茶壶旋转

d）3# 茶壶移动

图 1-1-64　开盖茶壶的绘制

选中 2# 茶壶和 3# 茶壶后，在"修改"面板中修改颜色，如图 1-1-65 所示。

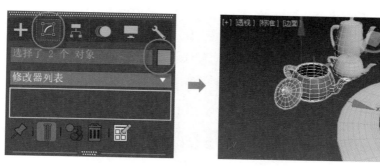

图 1-1-65　修改开盖茶壶颜色

用同样的方法修改其他茶壶颜色，将显示模式切换为"面 + 边面"模式和"面"模式查看茶具摆设场景效果，如图 1-1-66 所示。

a）"面 + 边面"模式

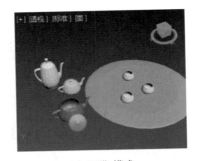

b）"面"模式

图 1-1-66　显示模式对比

三、保存、导出模型

1. 执行"文件"→"保存"命令或按快捷键"Ctrl+S"保存文件。

2. 执行"文件"→"导出→"导出…"命令，选择保存位置后，输入文件名"1_1 茶具摆设"，选择保存类型（例如 STL），单击"保存"按钮，弹出"导出 STL 文件"对话框，如图 1-1-67 所示。取消"仅选定"复选框，保存文件中全部对象，单击"确定"按钮，导出完毕。

3. 如果需要导出场景中的部分模型进行打印，那么先选中这部分模型后执行第 2 步操作，在弹出的"导出 STL 文件"对话框中勾选"仅选定"复选框后确定导出。

图 1-1-67　"导出 STL 文件"对话框

 思考与练习

1. 3ds Max 中的视口区域在什么位置？在视口区域中如何切换各个视图？

2. ⊕、C、▣命令的名称、所在位置与使用方法分别是什么？

3. 复制对象都有哪些方式？

4. 将对象对齐的方式有哪些？

5. 如果只需要打印场景中的部分模型，该如何进行导出操作？

基础建模

任务 1　制作电视柜

 学习目标

1. 了解 3ds Max 中对象的概念。
2. 掌握各标准基本体和扩展基本体的创建方法，能设置各基本体参数。
3. 能熟练使用"阵列"命令快速复制对象。
4. 熟悉对多对象"群组"和"解组"的操作方法。

 任务引入

　　本任务要求完成如图 2-1-1 所示电视柜的制作。制作电视柜要用到标准基本体中的"长方体""球体"和"圆环"，以及扩展基本体中的"切角长方体""切角圆柱体""L-Ext"和"软管"，要对它们进行创建和编辑。通过本任务的学习，掌握各基本体的创建方法、参数含义及设置方法，同时熟练掌握阵列、群组、对齐等编辑工具的使用，为后续练习打下坚实基础。

图 2-1-1　电视柜

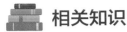 **相关知识**

一、对象

在 3ds Max 场景中创建的事物都称为对象，例如几何体、灯光、摄影机、编辑修改器、材质与贴图等。所有对象总体分为三类：参数化对象、组合对象和子对象。

1. 参数化对象

参数化对象是几何学基本对象，可以通过一组参数对其进行描述。这些参数包括外形尺寸、分段数、平滑等。

2. 组合对象

多个不同对象可以结合起来进行统一操作，也可以在需要的时候将它们拆开，这个被结合在一起的单位称为组（group）。

群组方法。选择要成组的所有对象，然后在菜单栏中执行"组"→"组…"命令，弹出如图 2-1-2 所示的"组"对话框，输入组名，单击"确定"即可完成群组。单击成组后的任意物体，则该组物体全部被选中。

分解组。选择要分解的组，然后在菜单栏中执行"组"→"解组"命令，则对象恢复到群组之前的状态。

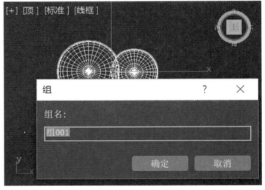

图 2-1-2 "组"对话框

3. 子对象

子对象是对象中可以被选定并且可进行编辑的组件，最常见的子对象包括组成形体的顶点、线段、放样对象的路径和截面等。在"修改"面板的修改器列表中可查看"子对象"树形结构，并对其进行编辑（项目三中将详细介绍）。

二、参考坐标系与轴心控制点

1. 参考坐标系

参考坐标系可以用来指定变换操作所使用的坐标系统，3ds Max 中包括视图、屏幕、世界、父对象、局部、万向、栅格、工作和局部对齐 9 种坐标系，参考坐标系的转换下拉菜单位于主工具栏中部，如图 2-1-3 所示。

几种常见坐标系的含义如下：

（1）视图。为默认坐标系，所有正交视图中的 X、Y、Z 轴都相

图 2-1-3 参考坐标系

同。移动对象时，可相对于视图空间移动。

（2）屏幕。将活动视口屏幕作为坐标系。

（3）世界。使用世界坐标系，切换到任何正交视图时坐标轴均以世界坐标系显示。

2. 轴心控制点

轴心控制点按钮能够提供缩放和旋转操作的几何中心，该按钮位于主工具栏中部。按住轴心控制点按钮不放即可展开全部按钮，它们从上到下依次是"使用轴点中心""使用选择中心"和"使用变换坐标中心"。以长方体为例，使用不同轴心控制点的效果如图 2-1-4a、b、c 所示。

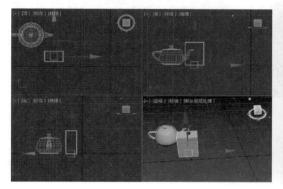
a）使用轴点中心

b）使用选择中心

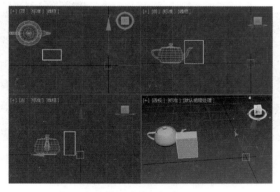
c）使用变换坐标中心

图 2-1-4 使用不同轴心控制点的效果对比

（1）"使用轴点中心"。可以围绕各自的轴点旋转或缩放一个或多个对象。

（2）"使用选择中心"。可以围绕选定对象的共同几何中心旋转或缩放一个或多个对象。

（3）"使用变换坐标中心"。可以围绕当前坐标系的中心旋转或缩放一个或多个对象。

三、对象的阵列

阵列是复制对象的一种方式，该命令可以将选中的对象沿着指定方向复制出参数化排列的对象，阵列时还支持移动、旋转及缩放等变换。阵列命令的调用方法为：在菜单栏中执行"工具"→"阵列"命令，在弹出的"阵列"对话框中进行参数设置。将图 2-1-4 中全部对象选中后，进行 1D 阵列设置，参数、效果如图 2-1-5 所示。

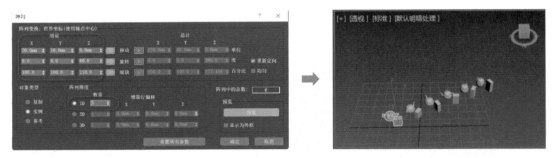

图 2-1-5　1D 阵列设置

将图 2-1-4 中全部对象选中后，进行 2D 阵列设置，参数、效果如图 2-1-6 所示；进行 3D 阵列设置，参数、效果如图 2-1-7 所示。

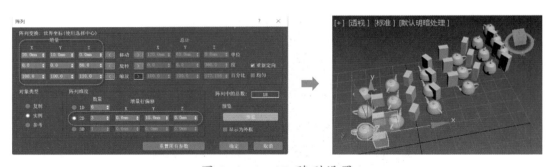

图 2-1-6　2D 阵列设置

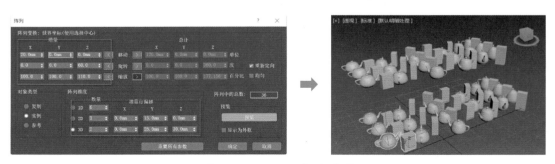

图 2-1-7　3D 阵列设置

四、内置几何体建模

内置几何体模型是 3ds Max 中自带的一些模型，用户可以直接调用这些模型，对其参数进行设置，这些模型就是前面提到的参数化对象。其调用命令位于右侧命令面板的"创建"→"几何体"选项卡中，如图 2-1-8 所示为"标准基本体"菜单和"扩展基本体"菜单。

a）标准基本体　　　　　　　　　　b）扩展基本体

图 2-1-8　"标准基本体"和"扩展基本体"菜单

1. 标准基本体建模

（1）标准基本体的类型。标准基本体包含 11 种对象类型，分别是长方体、球体、圆柱体、圆环、茶壶、圆锥体、几何球体、管状体、四棱锥、平面和加强型文本，如图 2-1-9 所示。

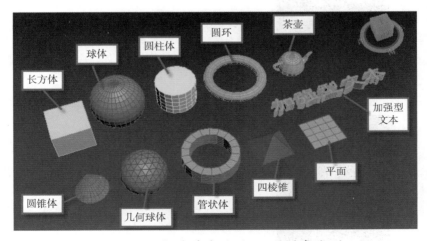

图 2-1-9　标准基本体的 11 种对象类型

（2）标准基本体的参数。标准基本体的参数介绍见表 2-1-1。

▼ 表 2-1-1 标准基本体参数

序号	名称	参数卷展栏	重要参数解析
1	长方体		长度、宽度、高度：确定长方体外形，创建的视图不同，三者代表的坐标轴也不同 长度分段、宽度分段、高度分段：沿着对象每个轴的分段数量，默认值为 1
2	圆锥体		半径 1、半径 2：圆锥体（含圆台）上、下两个底面的半径，最小值为 0 高度：沿中心轴方向的长度，负值为向构造平面下创建 高度分段：轴向方向的分段数，最小值为 1 端面分段：围绕圆锥体顶部和底部中心的同心分段数 边数：圆锥上、下底面圆的边数，默认值为 24 启用切片：开启局部切片，制作不完整的圆锥体 切片起始位置、切片结束位置：设置切片局部 X 轴的零点开始围绕局部 Z 轴旋转的度数，正值为逆时针旋转，负值为顺时针旋转
3	球体		分段：球体多边形分段的数目，分段越多，球体越圆滑 半球：从底部切除（或挤压）球体的比例，数值范围为 0~1，默认值为 0，此时是完整的球体，值为 1 时球体消失。切除时球体中的点数和面数会减少，挤压时数目不变 轴心在底部：默认球体轴心为球体中心，勾选该复选框后，轴心将会移动到球体底部
4	几何球体		几何球体与球体大致相同，不同的是几何球体由三角面构成，而球体由四角面构成 基点面类型：选择分段为 1 时，组成几何球体的最基本单位类型 平滑：勾选该复选框后，几何球体的表面是光滑的 半球：从底部切除半个几何球体

续表

序号	名称	参数卷展栏	重要参数解析
5	圆柱体		半径：上、下底面半径的大小 高度：沿中心轴方向的长度，负值为向构造平面下创建 高度分段：轴向方向的分段数，最小值为1 端面分段：围绕圆柱体顶部和底部中心的同心分段数 边数：上、下底面圆的边数，默认值为18
6	管状体		半径1：管状体的外径 半径2：管状体的内径 高度：沿中心轴方向的长度，负值为向构造平面下创建 高度分段：轴向方向的分段数，最小值为1 端面分段：围绕管状体顶部和底部的中心且在内外径之间的同心圆分段数量 边数：上、下底面圆的边数，默认值为18，内外圆相同
7	圆环		半径1：圆环中心到横截面圆形中心的距离 半径2：横截面圆形的半径 旋转：顶点围绕通过圆环中心的圆形非均匀旋转的度数 扭曲：横截面圆围绕通过圆环中心的圆形旋转的度数 分段：围绕环形的分段数目，默认值为24，减小此数值可创建多边形环，最小值为3 边数：环形横截面圆边数，默认值为12，减小此数值横截面可为多边形，最小值为3
8	四棱锥		宽度：底面 X 轴方向长度 深度：底面 Y 轴方向长度 高度：底面到顶点之间的距离 宽度分段：从顶点出发连接底面 X 轴方向的分段数 深度分段：从顶点出发连接底面 Y 轴方向的分段数 高度分段：将高度平均分配的数目

续表

序号	名称	参数卷展栏	重要参数解析
9	茶壶	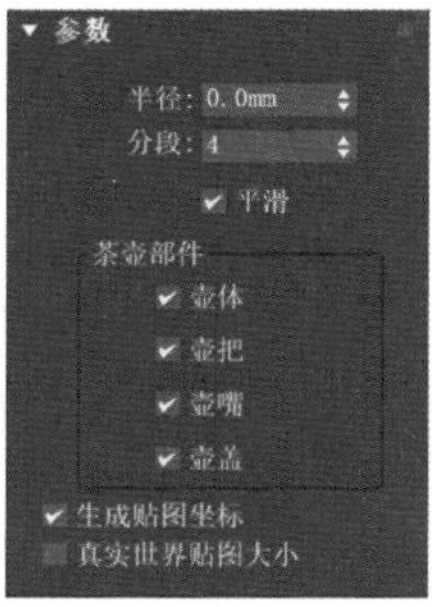	半径：茶壶半径的大小 分段：茶壶或其他单独部件的分段数 茶壶部件：包含"壶体""壶把""壶嘴""壶盖"复选框，勾选则在视口中显示该部件，否则将隐藏该部件
10	平面	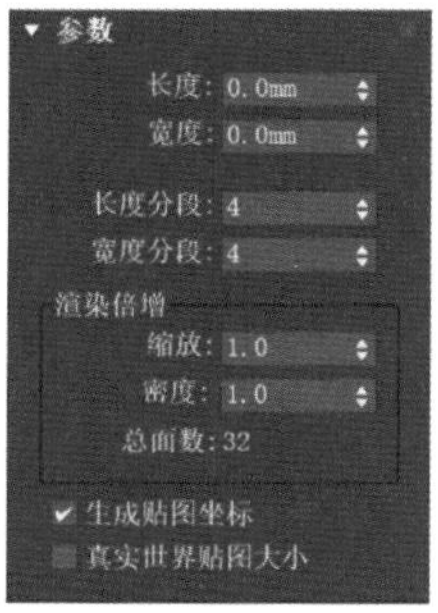	长度：所选视图中沿着 Y 轴方向的距离 宽度：所选视图中沿着 X 轴方向的距离 长度分段、宽度分段：沿对象 Y 轴和 X 轴方向的分段数 渲染倍增："缩放"用来指定长度和宽度在渲染时的倍增因子，将从中心向外执行缩放；"密度"用来指定长度和宽度分段数在渲染时的倍增因子
11	加强型文本	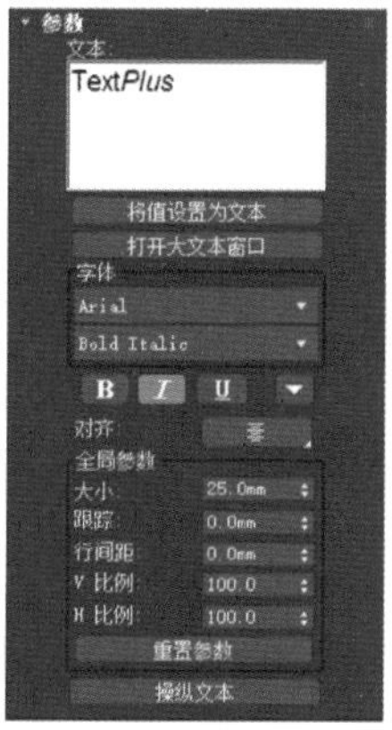 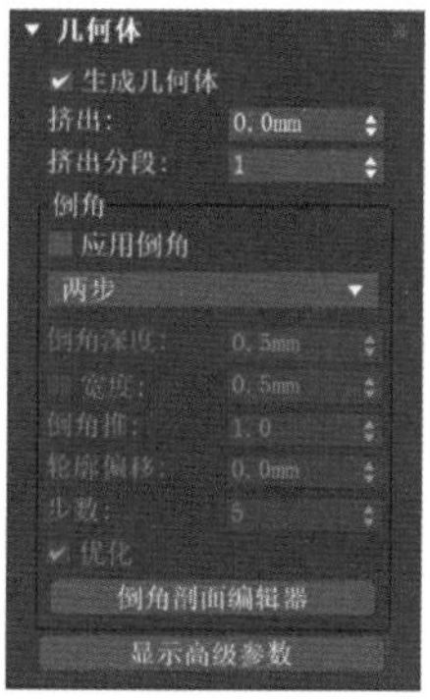	"参数"卷展栏： 文本：输入要创建的文本文字 字体：选择要输出的文本字体类型 V 比例：Y 轴方向上的缩放系数，负值为反向 H 比例：X 轴方向上的缩放系数，负值为反向 操纵文本：对文本中的部分文字进行编辑 "几何体"卷展栏： 生成几何体：勾选后可将文字线条封闭为面片 挤出：文本面片挤出的实体厚度 挤出分段：挤出厚度上的分段数目，默认值为 1 应用倒角：勾选后可为文本实体的正面边缘倒角，可对倒角的类型、结构进行设置

创建基本体时可先在视口中拖动绘制，然后将其选中，再在右侧"修改"面板的"参数"卷展栏中对其参数进行修改。

2. 扩展基本体建模

　　（1）扩展基本体的类型。扩展基本体包含 13 种对象类型，分别是异面体、环形结、切角长方体、切角圆柱体、油罐、胶囊、纺锤、L-Ext（L 形挤出）、球棱柱、C-Ext（C 形挤出）、环形波、软管和棱柱，如图 2-1-10 所示。

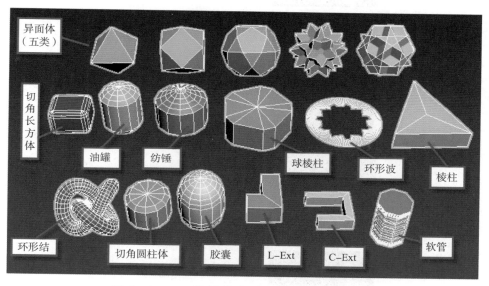

图 2-1-10　扩展基本体的 13 种对象类型

　　（2）扩展基本体的参数。扩展基本体的参数介绍见表 2-1-2。

▼ 表 2-1-2　扩展基本体参数

序号	名称	参数卷展栏	重要参数解析
1	异面体	（参数面板图示）	系列：异面体的基本类型，包括四面体、立方体/八面体、十二面体/二十面体、星形 1 和星形 2 系列参数：切换多面体顶点与面之间的关联关系

续表

序号	名称	参数卷展栏	重要参数解析
1	异面体	轴向比率： P: 100.0 Q: 100.0 R: 100.0 重置 顶点： ● 基点 ● 中心 ● 中心和边 半径: 0.0mm ✔ 生成贴图坐标	轴向比率：多面体可以拥有3种多面体面，P、Q、R各表示控制多面体一种面反射的轴 半径：设置多面体的半径
2	环形结	参数 基础曲线 ● 结 ○ 圆 半径: 0.0mm 分段: 120 P: 2.0 Q: 3.0 扭曲数: 0.0 扭曲高度: 0.0 横截面 半径: 10.0mm 边数: 12 偏心率: 1.0 扭曲: 0.0 块: 0.0 块高度: 0.0 块偏移: 0.0 平滑: ● 全部 ○ 侧面 ○ 无 贴图坐标 ✔ 生成贴图坐标 　　偏移　平铺 U: 0.0　1.0 V: 0.0　1.0	基础曲线： 半径：环形结的半径大小 分段：沿环形结方向的分段数 P、Q：默认为2∶3，当P=Q时为圆环 横截面： 半径：环形结横截面的半径大小 边数：横截面圆的边数，默认值为12 偏心率：横截面圆两正交轴的长度比 扭曲：横截面围绕通过环形中心的圆形旋转的度数 块：将环形结分成的区域个数 块高度：区域中心增加的高度 块偏移：区域中心偏移的角度
3	切角长方体	参数 长度: 0.1mm 宽度: 0.1mm 高度: 0.1mm 圆角: 0.01mm 长度分段: 1 宽度分段: 1 高度分段: 1 圆角分段: 3 ✔ 平滑 ✔ 生成贴图坐标 □ 真实世界贴图大小	长度、宽度、高度：同长方体，3个坐标轴方向上的长度 圆角：长方体直角边被切掉后的过渡圆角的半径 长度分段、宽度分段、高度分段：沿着相应轴方向的分段数 圆角分段：长方体圆角边圆弧的边数，默认值为3，数值越大越圆滑，为1时是平面 平滑：混合切角长方体的面的显示，从而在渲染视图中创建平滑的外观。圆角分段为1时，若想得到平面多面体应取消勾选该复选框

续表

序号	名称	参数卷展栏	重要参数解析
4	切角圆柱体		半径：圆柱体未切角时的半径大小 高度：沿中心轴方向的长度，负值为向构造平面下创建 圆角：上、下底面边缘切口轴向切去值 高度分段：轴向方向的分段数，最小值为1 圆角分段：圆角边圆弧的边数，默认值1为平面，数值越大越圆滑 边数：切角圆柱横截面圆的边数，默认值为12 端面分段：围绕圆柱体顶部和底部中心的同心分段数
5	油罐		半径：油罐主体横截面圆的半径 高度：沿中心轴方向的总长度，负值为向构造平面下创建 封口高度：凸面封口沿轴线方向的高度 总体：高度值为油罐总体长度 中心：高度值为油罐除去上、下封口后的长度 混合：两侧封口球面和主体圆柱面过渡的范围大小 边数：横截面圆的边数，默认值为12 高度分段：轴向方向的分段数，最小值为1
6	胶囊		半径：胶囊上、下球面半径，也是胶囊主体横截面圆半径 高度：沿中心轴方向的总长度，负值为向构造平面下创建 总体：高度值为胶囊总体长度 中心：高度值为胶囊除去上、下半球后圆柱部分的长度 边数：横截面圆的边数，默认值为12 高度分段：轴向方向的分段数，最小值为1
7	纺锤		半径：纺锤主体横截面圆的半径 高度：沿中心轴方向的总长度，负值为向构造平面下创建 封口高度：两端圆锥面（封口）沿轴线方向的长度 总体：高度值为纺锤总体长度 中心：高度值为纺锤除去上、下封口后的长度 混合：封口圆锥面和主体圆柱面过渡的范围大小 边数：横截面圆的边数，默认值为12 高度分段：轴向方向的分段数，最小值为1

续表

序号	名称	参数卷展栏	重要参数解析
8	L-Ext	**▼ 参数** 侧面长度: 0.0mm 前面长度: 0.0mm 侧面宽度: 0.1mm 前面宽度: 0.1mm 高度: 10.0mm 侧面分段: 1 前面分段: 1 宽度分段: 1 高度分段: 1 ☑ 生成贴图坐标 ☐ 真实世界贴图大小	侧面长度、前面长度：L 形两直角边的长度 侧面宽度、前面宽度：L 形两直角边的宽度 高度：垂直 L 形面方向的长度 侧面分段、前面分段、宽度分段、高度分段：沿着相应轴方向上的分段数
9	球棱柱	**▼ 参数** 边数: 5 半径: 0.0mm 圆角: 0.0mm 高度: 0.0mm 侧面分段: 1 高度分段: 1 圆角分段: 1 ☐ 平滑 ☑ 生成贴图坐标 ☐ 真实世界贴图大小	边数：球棱柱基本体的边数 半径：球棱柱基本体横截面外接圆的半径 圆角：球棱柱棱线倒圆的半径 高度：沿中心轴方向的总长度，负值为向构造平面下创建 侧面分段、高度分段、圆角分段：每个结构的分段数
10	C-Ext	**▼ 参数** 背面长度: 0.0mm 侧面长度: 0.0mm 前面长度: 0.0mm 背面宽度: 0.1mm 侧面宽度: 0.1mm 前面宽度: 0.1mm 高度: 6.0mm 背面分段: 1 侧面分段: 1 前面分段: 1 宽度分段: 1 高度分段: 1 ☑ 生成贴图坐标 ☐ 真实世界贴图大小	背面长度、侧面长度、前面长度：C 形三直角边的长度 背面宽度、侧面宽度、前面宽度：C 形三直角边的宽度 高度：垂直 C 形面方向的长度 背面分段、侧面分段、前面分段、宽度分段、高度分段：沿着相应轴方向上的分段数
11	软管	**▼ 软管参数** 端点方法 ● 自由软管 ○ 绑定到对象轴 自由软管参数 高度: 1.0mm 公用软管参数 分段: 45 ☑ 启用柔体截面 起始位置: 10.0 % 结束位置: 90.0 % 周期数: 5 直径: -20.0 平滑 ● 全部 ○ 侧面 ○ 无 ○ 分段 ☑ 可渲染 ☑ 生成贴图坐标	软管是一种能连接两个对象的弹性物体，类似弹簧但不具备动力学属性 自由软管： 高度：软管未绑定时的总长度，默认值为 1 mm 分段：软管长度方向的分段数，默认值为 45 启用柔体截面：勾选该复选框，可以使软管中部具有周期性结构 起始位置：周期性结构距起始端（底面）的高度百分比，范围为 0%～50% 结束位置：周期性结构距末端（顶面）的高度百分比，范围为 50%～100% 周期数：周期性结构的个数，先设置此参数再设置分段数为佳

续表

序号	名称	参数卷展栏	重要参数解析
11	软管		直径：截面圆直径与软管轮廓直径之比，默认值为 -20% 软管形状：分为圆形软管、长方形软管和 D 截面软管三种 圆形软管： 直径：软管轮廓外接圆的直径，默认值为 0.2 mm 边数：截面圆的边数，默认值为 8
12	棱柱		"棱柱"特指三棱柱 侧面 1 长度、侧面 2 长度、侧面 3 长度：底面三角形三条边的长度 高度：三棱柱的高度 侧面 1 分段、侧面 2 分段、侧面 3 分段：三棱柱 3 个侧面的分段数 高度分段：高度方向的分段数

📖 任务实施

一、建立文件

打开软件，在菜单栏中执行"文件"→"保存"命令，选择保存路径为"D:\3ds Max 2018\"，文件命名为"2_1 电视柜"，保存类型采用默认设置。检查文件，确定单位设置为毫米。

二、制作电视柜

1. 制作底部柜体

（1）在右侧命令面板的"创建"面板中选择"几何体"选项卡，单击"标准基本体"菜单中的"长方体"按钮，在透视图中绘制长度 =400 mm、宽度 =1 200 mm、高度 =10 mm 的长方体（顶板），效果及参数设置如图 2-1-11 所示，右击退出。

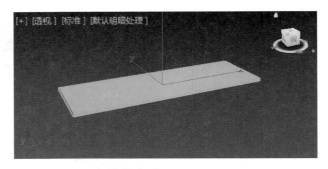

图 2-1-11　绘制长方体

（2）将长方体移动到世界坐标原点位置。按"W"键激活"选择并移动"命令，将提示与坐标区中"当前选择对象坐标"的 X、Y、Z 坐标均改为 0，如图 2-1-12 所示。

图 2-1-12　将长方体移动到世界坐标原点位置

（3）复制出侧板。按住"Shift"键并向下移动 Z 轴，弹出"克隆选项"对话框，选择"复制"单选按钮，复制一个长方体副本（侧板），在"修改"面板中修改其参数为长度 = 400 mm、宽度 =20 mm、高度 =200 mm。在长方体副本被选中的情况下按"Alt+A"激活"对齐"命令，单击原长方体，弹出"对齐当前选择"对话框，依次选择"X 位置"→"当前对象：中心"→"目标对象：最小"→"应用"→"Z 位置"→"当前对象：最大"→"目标对象：最大"→"确定"，如图 2-1-13 所示，最终效果如图 2-1-14 所示。

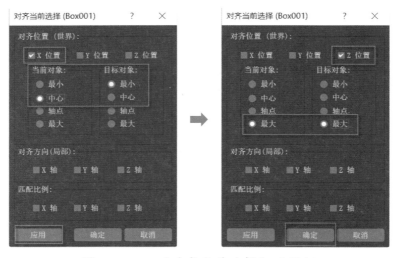

图 2-1-13　"对齐当前选择"对话框

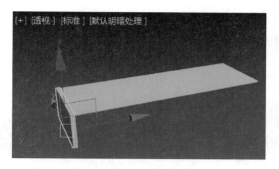

图 2-1-14　对齐效果

（4）阵列其他侧板。保持侧板的选中状态，然后在菜单栏中执行"工具"→"阵列…"命令，弹出"阵列"对话框，如图 2-1-15 所示。设置增量 X=400 mm、1D 数量 =4、对象类型 = 实例，单击"确定"，阵列效果如图 2-1-16 所示。

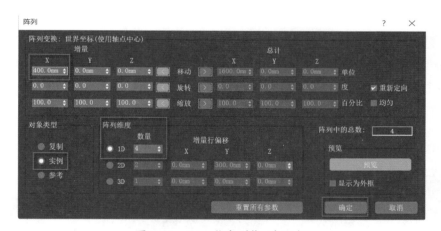

图 2-1-15　"阵列"对话框

图 2-1-16　阵列效果

（5）选中任意侧板后用步骤（3）的方法移动复制出背板。按住"Shift"键并向前移动 Y

轴，修改背板参数为长度 =16 mm、宽度 =1 220 mm、高度 =200 mm，如图 2-1-17 所示。通过"对齐"命令使复制的背板与最左侧侧板对齐（X 位置"当前对象：最小"对"目标对象：最小"、Y 位置"当前对象：最小"对"目标对象：最大"），效果如图 2-1-18 所示。

图 2-1-17　背板参数

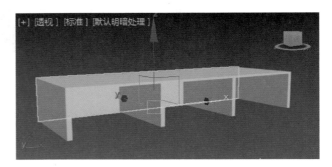

图 2-1-18　对齐效果

（6）创建底板。在右侧命令面板中执行"创建"→"几何体"→"扩展基本体"→"切角长方体"命令，在命令面板下方的"名称和颜色"卷展栏中设置与侧板相同的颜色；在"键盘输入"卷展栏中依次输入参数 Z=−190 mm、长度 =440 mm、宽度 =1 260 mm、高度 =30 mm、圆角 =8 mm，如图 2-1-19 所示。单击"创建"，创建出效果如图 2-1-20 所示的切角长方体底板。

图 2-1-19　切角长方体参数

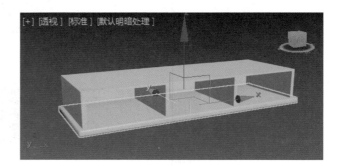

图 2-1-20　创建切角长方体底板

2. 制作底部柜门

（1）创建长方体。在右侧命令面板中执行"创建"→"几何体"→"标准基本体"→"长方体"命令，在透视图中绘制长方体，设置参数为长度 =16 mm、宽度 =380 mm、高度 =160 mm，效果及参数设置如图 2-1-21 所示。

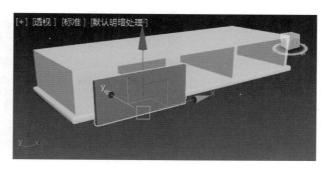

图 2-1-21　创建柜门长方体

（2）创建 L-Ext 体。在"几何体"选项卡中选择"扩展基本体"→"L-Ext"，在前视图中绘制参数为侧面长度 =-160 mm、前面长度 =380 mm、侧面宽度 = 前面宽度 = 8 mm、高度 =18 mm 的 L-Ext 体，并将其与（1）中长方体对齐（X、Y、Z 位置均为"当前对象：最大"对"目标对象：最大"），效果及参数设置如图 2-1-22 所示。

a）L-Ext 体参数　　　　　b）对齐操作

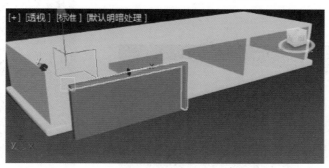

c）对齐后效果

图 2-1-22　创建 L-Ext 体（柜门边框）

（3）镜像 L-Ext 体。选中刚创建的 L-Ext 体，单击"镜像"按钮 ，在弹出的"镜像：世界坐标"对话框中，设置镜像轴为 ZX，选择"复制"单选按钮，单击"确定"退出，效果如图 2-1-23 所示。然后按"Alt+A"键激活"对齐"命令，将该 L-Ext 体与（1）中长方体对齐（X、Y、Z 位置均为"当前对象：最大"对"目标对象：最大"），最终效果如图 2-1-24 所示。

（4）创建把手切角长方体。在"几何体"选项卡中选择"扩展基本体"→"切角长方体"，在透视图中绘制参数为长度 =40 mm、宽度 =14 mm、高度 =40 mm、圆角 =6 mm 的切角长方体，如图 2-1-25 所示。将切角长方体与（1）中长方体对齐（X、Z 位置为"当前对象：中心"对"目标对象：中心"，Y 位置为"当前对象：最大"对"目标对象：最大"），效果如图 2-1-26 所示。

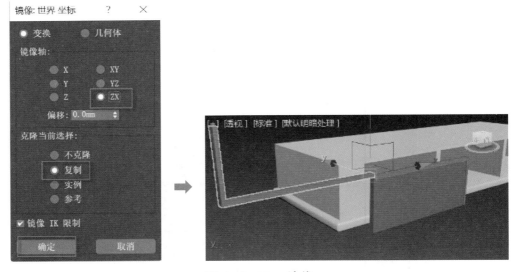

图 2-1-23　镜像

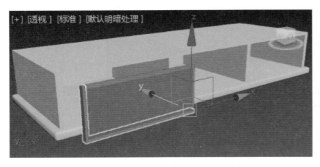

图 2-1-24　对齐后效果

图 2-1-25　切角长方体参数

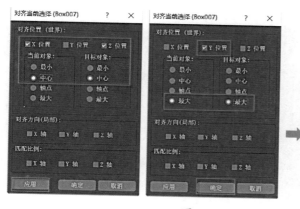

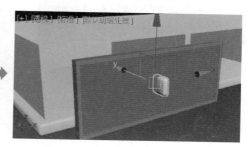

图 2-1-26　对齐切角长方体

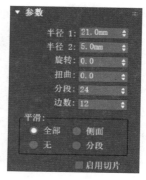

图 2-1-27　圆环参数

（5）创建把手圆环。在"几何体"选项卡中选择"标准基本体"→"圆环"，在前视图中绘制参数为半径1=21 mm、半径2=5 mm的圆环，如图2-1-27所示。将圆环与上步中的切角长方体对齐（X位置为"当前对象：中心"对"目标对象：中心"，Y位置为"当前对象：最大"对"目标对象：中心"，Z位置为"当前对象：中心"对"目标对象：最小"），效果如图2-1-28所示。

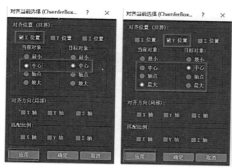

图 2-1-28　对齐圆环

 小贴士

　　如果在透视图中绘制圆环，圆环的摆放方向将是水平的。如果想准确地将其旋转为竖直方向，则要先右击主工具栏中的"角度捕捉切换"按钮 🔼，弹出如图2-1-29所示的"栅格和捕捉设置"对话框，将角度修改为90°后关闭对话框，再单击"选择并旋转"按钮 🔁，将圆环沿X轴旋转90°，如图2-1-30所示。

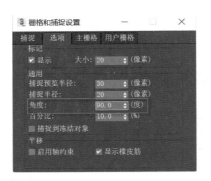

图 2-1-29　设置捕捉角度

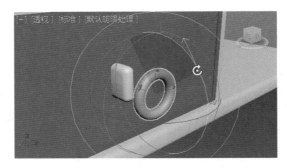

图 2-1-30　旋转圆环

（6）群组柜门。按住"Ctrl"键依次点选（或在顶视图中框选）柜门各部件，将其所有结构全部选中，在菜单栏中执行"组"→"组…"命令，弹出如图 2-1-31 所示的"组"对话框，输入组名"组 001 柜门"，单击"确定"完成群组。

图 2-1-31　"组"对话框

（7）阵列柜门。选中"组 001 柜门"，右击 ⊕ 按钮，弹出"移动变换输入"对话框，将绝对世界坐标改为 X=−400 mm、Y=−205 mm、Z=−80 mm，参数设置及效果如图 2-1-32 所示。执行"工具"→"阵列…"命令，弹出"阵列"对话框，设置增量 X=400 mm、1D 数量 =3、对象类型 = 实例，单击"确定"，参数设置及阵列效果如图 2-1-33 所示。

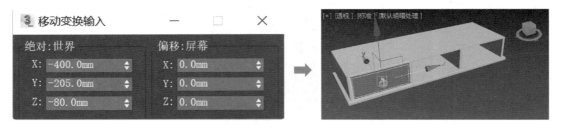

图 2-1-32　设置柜门组的绝对世界坐标

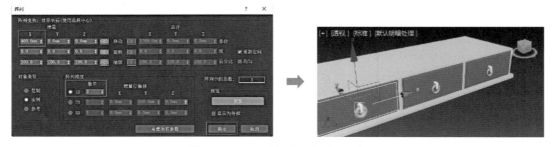

图 2-1-33　阵列 3 组柜门组

3. 制作柜腿

（1）在右侧命令面板中执行"创建"→"几何体"→"扩展基本体"→"切角圆柱体"命令，在透视图中绘制切角圆柱体，参数如图 2-1-34 所示，半径 =30 mm、高度 = -120 mm、圆角 =10 mm。右击 ✛ 按钮，弹出"移动变换输入"对话框，将切角圆柱体的绝对世界坐标改为 X=-500 mm、Y=-150 mm、Z=-175 mm，参数设置及效果如图 2-1-35 所示。

图 2-1-34　切角
圆柱体参数

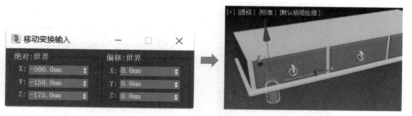

图 2-1-35　设置切角圆柱体绝对世界坐标

（2）执行"创建"→"几何体"→"标准基本体"→"球体"命令，在透视图中绘制球体，参数如图 2-1-36 所示，半径 = 50 mm。右击 按钮，弹出"缩放变换输入"对话框，将球体绝对局部坐标 Z 改为 80，如图 2-1-37 所示，并与步骤（1）中的切角圆柱体底部中心对齐，前视图中的效果如图 2-1-38 所示。

（3）单击"选择并移动"按钮 ✛，在透视图中按住"Shift"键并向上拖拽 Z 轴，复制新球体，在"修改"面板中修改参数为半球 =0.53，如图 2-1-39 所示。对此半球进行镜像操作（镜像轴为 Z、不克隆）并与步骤（1）中的切角圆柱体顶部中心对齐，参数设置及最终效果如图 2-1-40 所示。

图 2-1-36　球体参数

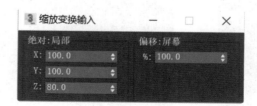

图 2-1-37　缩放球体

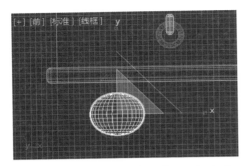

图 2-1-38　缩放并对齐后的效果

图 2-1-39　半球参数

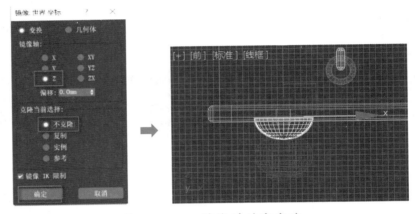

图 2-1-40　镜像并对齐半球

（4）群组并镜像。在前视图中框选三者（前 3 步所建），执行"组"→"组…"命令，设置组名为"组 002 柜腿"，单击"确定"。执行"工具"→"镜像…"命令，弹出"镜像：屏幕坐标"对话框，设置镜像轴为 X、偏移距离为 1 000 mm，选择"复制"单选按钮，单击"确定"完成镜像。参数设置及最终效果如图 2-1-41 所示。

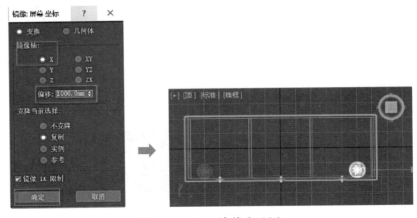

图 2-1-41　镜像柜腿组

如图 2-1-42 所示，在前视图中框选两腿，然后在顶视图中执行"镜像"命令，设置镜像轴为 *Y*、偏移距离为 300 mm，选择"复制"单选按钮。最终效果如图 2-1-43 所示。

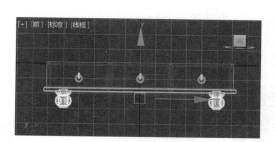
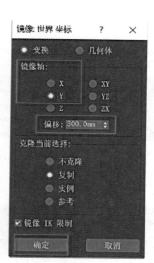

图 2-1-42　镜像柜腿组

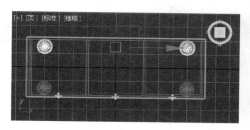
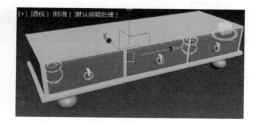

a）顶视图效果　　　　　　　　　　　b）透视图效果

图 2-1-43　镜像后效果

4. 制作连接柱

（1）创建软管。在"几何体"选项卡中选择"扩展基本体"→"软管"，在透视图中绘制一个自由软管，主要参数设置如图 2-1-44 所示，高度 =200 mm、分段 =51、勾选"启用柔体截面"复选框、起始位置 =10%、结束位置 =100%、周期数 = 4、直径 =-15%、"圆形软管"直径 =80 mm、边数 =8。右击 按钮，弹出"移动变换输入"对话框，设置其绝对世界坐标为 *X*=-550 mm、*Y*=-150 mm、*Z*=10 mm，参数设置及效果如图 2-1-45 所示。

（2）二维阵列。执行"工具"→"阵列…"命令，弹出"阵列"对话框，设置增量 *X*=367 mm、对象类型 = 实例、1D 数

图 2-1-44　软管参数

量 =4、2D 数量 =2、增量行偏移 Y=300 mm，单击"确定"完成阵列。参数设置及效果如图 2-1-46 所示。

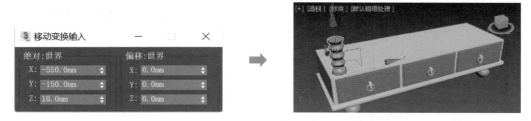

图 2-1-45　设置软管绝对世界坐标

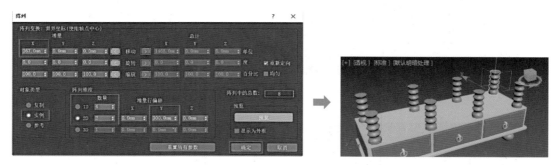

图 2-1-46　二维阵列连接柱

5. 制作顶部柜体（顶柜）

（1）在主工具栏中单击"按名称选择"按钮 ，弹出"从场景选择"对话框，复选"Box001"和"Box002"后单击"确定"，然后按住"Shift"键并向上拖拽 Z 轴复制出两个长方体，选择过程及最终效果如图 2-1-47 所示。将复制出的顶柜底板下表面与连接柱上表面对齐；将复制出的顶柜侧板参数改为长度 =400 mm、宽度 =20 mm、高度 =100 mm，并与顶柜底板对齐，参数设置及效果如图 2-1-48 所示。

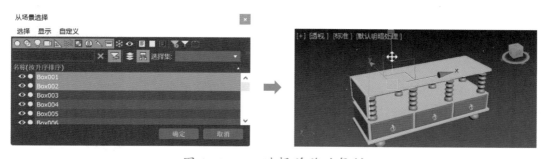

图 2-1-47　选择并移动复制

图 2-1-48　顶柜侧板参数设置并对齐

（2）与底部柜体操作相同，将顶柜侧板阵列 5 份，设置增量 X=300 mm、1D 数量 = 5、对象类型 = 实例，参数设置及效果如图 2-1-49 所示。

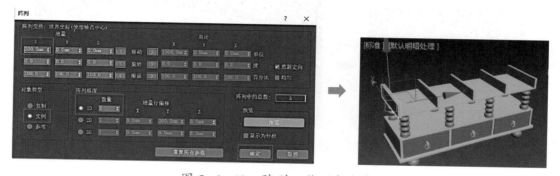

图 2-1-49　阵列 5 份顶柜侧板

（3）选中侧板，用移动复制的方法复制出顶柜背板，参数改为长度 =16 mm、宽度 = 1 220 mm、高度 =100 mm，并与侧板对齐，参数设置及效果如图 2-1-50 所示。用同样大小的顶柜底板复制出顶板，对齐后效果如图 2-1-51 所示。

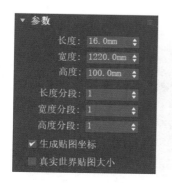

图 2-1-50　复制出背板并修改参数和对齐

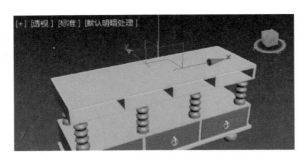

图 2-1-51　复制出顶板并对齐

（4）选中"组 001 柜门"，按住"Shift"键并拖拽 Z 轴复制出"组 008 上柜门"，参数设置及效果如图 2-1-52 所示。

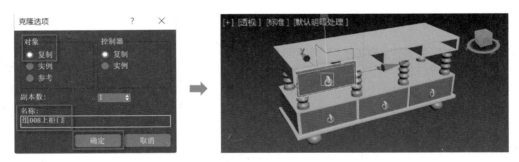

图 2-1-52　移动复制出"组 008 上柜门"

（5）对"组 008 上柜门"执行"组"→"解组…"命令，然后将长方体参数改为长度 = 16 mm、宽度 =280 mm、高度 =80 mm，参数设置及效果如图 2-1-53 所示。将两个 L-Ext 参数均改为侧面长度 =-80 mm、前面长度 =280 mm，其余参数不变，参数设置及效果如图 2-1-54 所示。将长方体和两个 L-Ext 对齐并重新组合为"组 008 上柜门"，效果如图 2-1-55 所示。阵列出另外 3 个柜门，设置增量 X=300 mm、1D 数量 =4，参数设置及效果如图 2-1-56 所示。

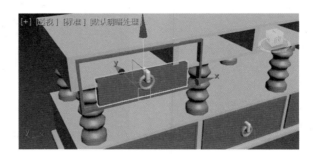

图 2-1-53　解组并修改参数

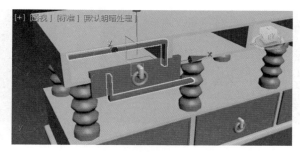

图 2-1-54 修改 L-Ext 参数

图 2-1-55 对齐并组合

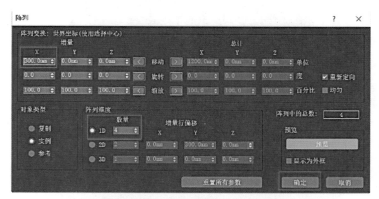

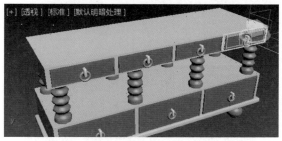

图 2-1-56 阵列柜门

（6）用移动复制的方法复制出顶柜台面，并将其底面与顶柜顶面对齐，如图 2-1-57 所示。

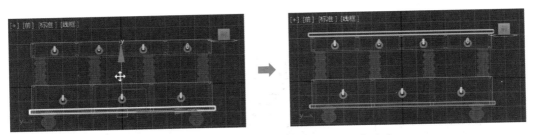

图 2-1-57　移动复制出顶柜台面并对齐

6. 改色调整

按"Ctrl+A"快捷键全选柜体，将整体改色，执行"组"→"解组…"命令，将不同部位改成相应颜色，效果如图 2-1-58 所示。

图 2-1-58　改色调整后效果

三、保存、导出模型

保存"2_1 电视柜 .max"文件，导出"2_1 电视柜 .STL"文件，为打印做准备。

思考与练习

1. 3ds Max 软件内置的几何体包含哪几类？每类各有多少种模型对象？

2. 怎样制作如图 2-1-59 所示的 26 面体（18 面正方形和 8 面三角形）？有几种方法？

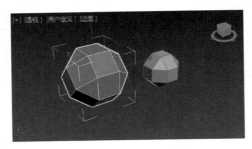

图 2-1-59　26 面体

任务 2　绘制吉他形轮廓

 学习目标

1. 掌握各"样条线"和"扩展样条线"的创建方法，了解各样条线的参数含义。
2. 能熟练使用样条线编辑复杂线框对象。
3. 了解矢量图形（AI 或 DWG 格式）导入 3ds Max 中的应用。
4. 能将线框图形转化为可打印的实体对象。

 任务引入

本任务要求完成如图 2-2-1 所示吉他形轮廓的绘制。通过对"线""圆"和"矩形"等样条线的创建、附加、修剪、渲染等操作，掌握各样条线创建、编辑的方法，了解各参数含义及设置方法，熟练掌握利用样条线绘制手法控制样条线形状的方法，为后续练习打下坚实基础。

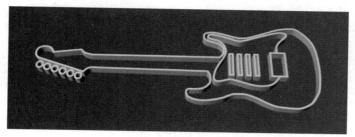

图 2-2-1　吉他形轮廓

 相关知识

一、样条线图形的用途

1. 样条线图形可以作为平面和线条对象，直接渲染成参数化实体对象输出打印（本任务中进行应用讲解）。

2. 样条线图形可以作为放样对象的路径和截面图形，完成放样操作（本项目任务 3 中进行应用讲解）。

3. 样条线图形可以作为"挤出""车削"等修改器建模的截面图形（项目三中进行应用讲解）。

4. 样条线图形可以作为运动对象的运动路径，也就是对象的运动轨迹（本教材不涉及动画制作，暂不展开介绍）。

二、二维图形的创建

内置样条线模型是 3ds Max 自带的图形对象，用户可以直接调用这些对象，对其参数进行设置或修改，编辑成所需形状。内置样条线模型的创建命令位于右侧命令面板中的"创建"→"图形"选项卡中，如图 2-2-2 所示为"样条线"菜单和"扩展样条线"菜单中的"对象类型"卷展栏。

a）"样条线"菜单　　　　　　　　　　b）"扩展样条线"菜单

图 2-2-2　"样条线"菜单和"扩展样条线"菜单的"对象类型"卷展栏

"开始新图形"复选框默认勾选，表示每创建一个曲线都作为一个新的独立对象；如果取消勾选，那么创建的多条曲线都将作为一个对象对待。

1. 创建样条线

样条线包括 12 种对象类型，分别是线、圆、弧、多边形、文本、卵形、矩形、椭圆、圆环、星形、螺旋线和截面。

（1）"线"样条线

"线"是最常用的一种样条线，其使用方法灵活，顶点类型可线性可平滑，3 点以上图线框可以开放也可以闭合。用"线"工具绘制线条时，可直接在视图中单击鼠标并移动绘制直线，也可按住鼠标左键同时拖动鼠标绘制平滑的曲线，也可配合"Shift"键绘制与平面坐标轴平行的直线。绘图时可在视图中单击鼠标来确定目标点，也可以通过输入目标点的世界坐标来确定目标点。如图 2-2-3 所示，将世界坐标值输入后单击"添加点"按钮，依次添加所绘制样条线的顶点，最后单击"完成"结束绘制。

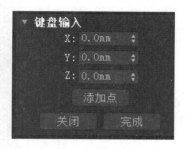

图 2-2-3　通过键盘添加世界坐标点

线段的顶点类型有以下 4 种：

1）角点。产生一个尖端，样条线在顶点的任意一边都是线性的。

2）平滑。通过顶点产生一条平滑且不可调整的曲线，由顶点的间距来决定曲率的大小。

3）Bezier。贝尔赛曲线，有锁定连续切线控制柄的不可调节的顶点，用于创建平滑曲线，顶点处的曲率由切线控制柄的方向和量级确定。

4）Bezier 角点。有不连续切线控制柄的不可调节的顶点，用于创建锐角转角，线段离开转角时的曲率是由切线控制柄的方向和量级确定的。

🦋 小贴士

创建线段时，顶点只有"角点"和"平滑"两种类型，如图 2-2-4 所示。线段绘制完毕后各顶点类型可以修改，方法为选择右侧命令面板的"修改"→"顶点"子集，右击要更改的目标点，在弹出的菜单中选择要更改的类型，如图 2-2-5 所示。

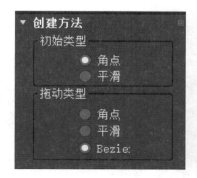
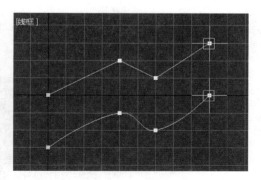

图 2-2-4　两种不同类型的顶点

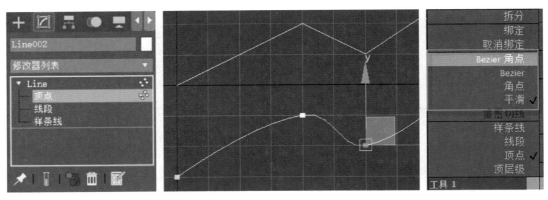

图 2-2-5　顶点可切换类型

（2）其余 11 种样条线

其余 11 种样条线参数的对比解析见表 2-2-1。

▼ 表 2-2-1　基本样条线参数对比解析

序号	名称	重要参数解析
1	矩形	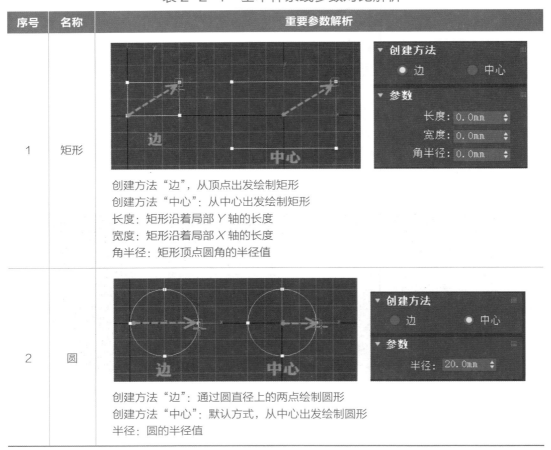创建方法"边"，从顶点出发绘制矩形 创建方法"中心"：从中心出发绘制矩形 长度：矩形沿着局部 Y 轴的长度 宽度：矩形沿着局部 X 轴的长度 角半径：矩形顶点圆角的半径值
2	圆	创建方法"边"：通过圆直径上的两点绘制圆形 创建方法"中心"：默认方式，从中心出发绘制圆形 半径：圆的半径值

续表

序号	名称	重要参数解析
3	椭圆	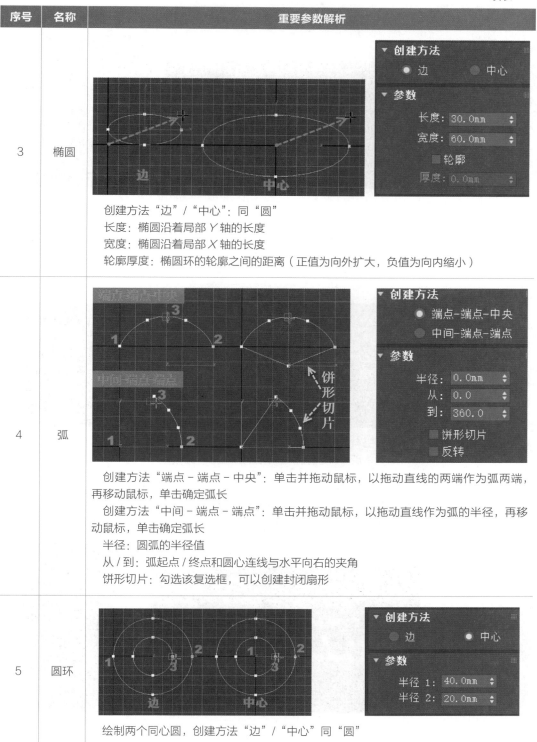创建方法"边"/"中心":同"圆" 长度:椭圆沿着局部 Y 轴的长度 宽度:椭圆沿着局部 X 轴的长度 轮廓厚度:椭圆环的轮廓之间的距离(正值为向外扩大,负值为向内缩小)
4	弧	创建方法"端点-端点-中央":单击并拖动鼠标,以拖动直线的两端作为弧两端,再移动鼠标,单击确定弧长 创建方法"中间-端点-端点":单击并拖动鼠标,以拖动直线作为弧的半径,再移动鼠标,单击确定弧长 半径:圆弧的半径值 从/到:弧起点/终点和圆心连线与水平向右的夹角 饼形切片:勾选该复选框,可以创建封闭扇形
5	圆环	绘制两个同心圆,创建方法"边"/"中心"同"圆"

续表

序号	名称	重要参数解析
6	多边形	创建方法"边"/"中心"：同"矩形" 半径（内接）：多边形顶点到中心的距离 半径（外接）：多边形边到中心的距离 边数：设置多边形的边数（初始值为6） 角半径：多边形顶点圆角的半径值 圆形：勾选该复选框，可以将多边形改为圆形
7	星形	半径1：外圈点（点1）到中心的距离 半径2：内圈点（点2）到中心的距离 点：尖角个数 扭曲：内圈点绕中心逆时针旋转的角度 圆角半径1：外圈点处的圆角半径 圆角半径2：内圈点处的圆角半径
8	文本	选择文本后，单击鼠标即可直接生成文字外框图形 可以在"参数"卷展栏中调整文字的字体、大小、字间距和行间距等参数

续表

序号	名称	重要参数解析
9	螺旋线	创建方法"边"/"中心"：类似"圆" 半径1：水平面上起点（点1）的半径 半径2：水平面上终点（点2）的半径 高度：起点到终点抬升的高度 圈数：起点到终点的圈数 偏移：向一侧收缩的程度（−0.1～0.1）
10	卵形	形状如卵，长度、宽度保持一定比例，轮廓厚度同"椭圆" 角度：卵形绕轴心逆时针旋转为正值，顺时针旋转为负值
11	截面	创建一个平面穿过三维模型，通过移动、旋转、缩放平面获得截取的剖面，单击"创建图形"按钮，将这个截面制作成二维样条线图形

2. 创建扩展样条线

扩展样条线包括 5 种对象类型，分别是墙矩形、通道、角度、T 形和宽法兰。各扩展样条线的参数对比解析见表 2-2-2。

▼ 表 2-2-2　扩展样条线参数对比解析

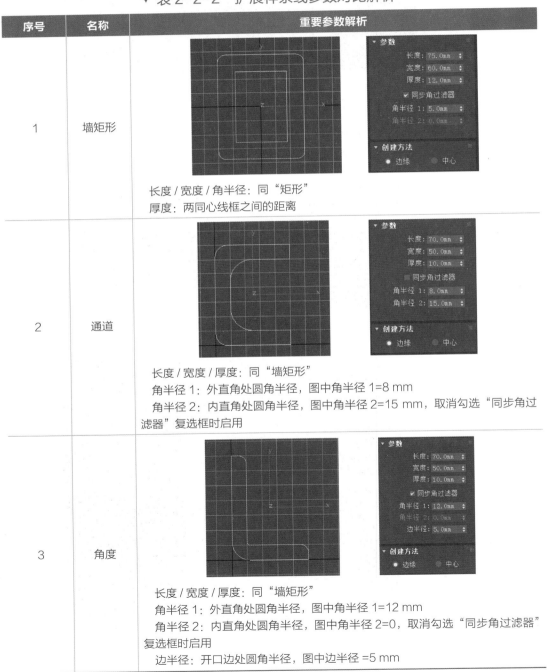

序号	名称	重要参数解析
1	墙矩形	长度 / 宽度 / 角半径：同"矩形" 厚度：两同心线框之间的距离
2	通道	长度 / 宽度 / 厚度：同"墙矩形" 角半径 1：外直角处圆角半径，图中角半径 1=8 mm 角半径 2：内直角处圆角半径，图中角半径 2=15 mm，取消勾选"同步角过滤器"复选框时启用
3	角度	长度 / 宽度 / 厚度：同"墙矩形" 角半径 1：外直角处圆角半径，图中角半径 1=12 mm 角半径 2：内直角处圆角半径，图中角半径 2=0，取消勾选"同步角过滤器"复选框时启用 边半径：开口边处圆角半径，图中边半径 =5 mm

续表

序号	名称	重要参数解析
4	T 形	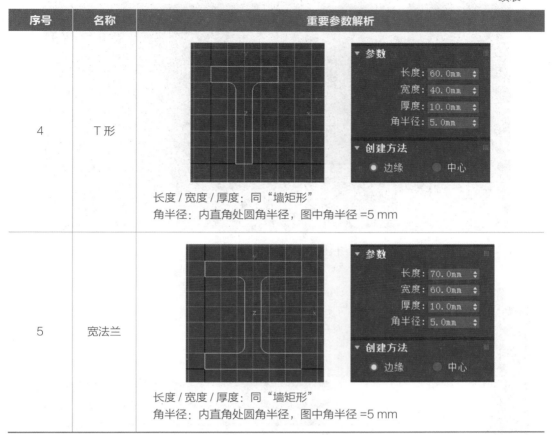 长度／宽度／厚度：同"墙矩形" 角半径：内直角处圆角半径，图中角半径 =5 mm
5	宽法兰	长度／宽度／厚度：同"墙矩形" 角半径：内直角处圆角半径，图中角半径 =5 mm

三、样条线的编辑

12 种基本样条线和 5 种扩展样条线中，只有"线"样条线可以直接在"修改"面板中选中"顶点"子集、"线段"子集和"样条线"子集进行形状的修改，其余的 16 种样条线均需要转换成"可编辑样条线"后才能进行编辑。

1. 转换方式

（1）在视图中选中样条线并右击，在弹出的菜单中选择"转换为："→"转换为可编辑样条线"，如图 2-2-6 所示。

（2）在视图中选中样条线，然后打开"修改"面板，右击"修改器列表"下的样条线名称，在弹出的菜单中选择"可编辑样条线"，如图 2-2-7 所示。

2. 编辑"可编辑样条线"

转换为"可编辑样条线"后，原样条线的"参数"卷展栏消失，意味着样条线形状由"参数化"控制变为"可编辑"对象。"可编辑样条线"分为"顶点""线段"和"样条线"3 个子集，可修改项目在新增的"几何体"卷展栏中，如图 2-2-8 所示。

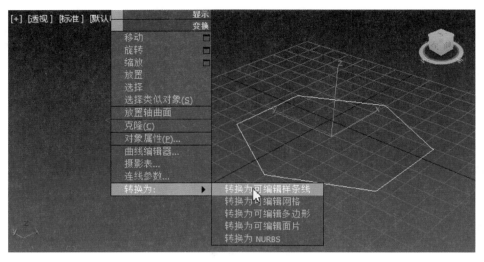

图 2-2-6　视图内转换

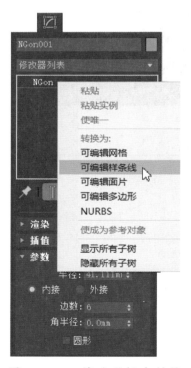

图 2-2-7　修改面板内转换

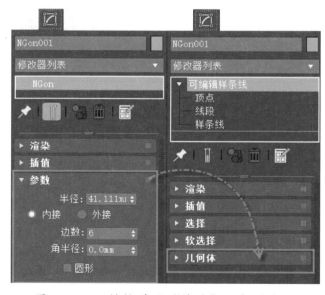

图 2-2-8　转换前后"修改"面板的变化

　　"几何体"卷展栏中常用的编辑工具如下：

　　（1）创建线。绘制新的曲线并加入当前曲线中。三种子集状态下均可使用，但如果要创建如图 2-2-9 所示的顶点之间的连接线，就需要在"顶点"子集状态下使用该工具。

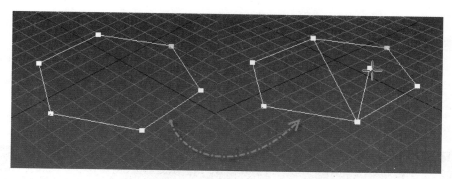

图 2-2-9　创建线

（2）断开。"顶点"子集状态下，框选闭合线框的一对顶点后，使用此工具可将两个点的关联关系取消（"焊接"工具的逆应用）；"线段"子集状态下，可以直接启用此工具，然后将鼠标移动到需要断开的线段处单击，此时会强行在单击处增加一对无关联顶点，如图 2-2-10 所示。

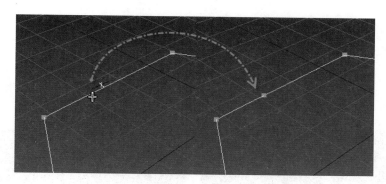

图 2-2-10　为线段添加断开点

（3）附加。"附加"工具可以将不相干的样条线合并到此"可编辑样条线"中进行后续编辑，如图 2-2-11 所示。

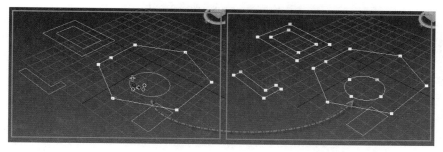

图 2-2-11　依次附加"圆""墙矩形"和"角度"样条线

（4）焊接。将两个距离相近的点焊接为同一个点，这个距离的阈值可在按钮右侧的文本框中设置（仅在"顶点"子集状态下可用）。

（5）圆角/切角。用圆弧/直线切开当前顶点两端的线段（仅在"顶点"子集状态下可用）。可选中顶点并在此工具按钮后的文本框内输入阈值，或直接点击阈值文本框后的三角号观察圆角/切角状态，改变后的效果如图 2-2-12 所示。

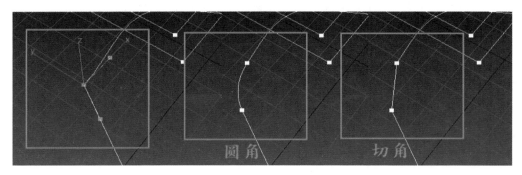

图 2-2-12　圆角/切角

（6）延伸/修剪。增加/剪短样条线沿其走势方向的长度（仅在"样条线"子集状态下可用），未涉及顶点保持不动，延伸/修剪处增加新顶点，对比效果如图 2-2-13 所示。需要注意，曲线修剪处的顶点处于非关联状态，须使用"焊接"命令将它们关联。

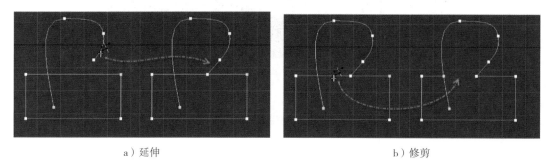

a）延伸　　　　　　　　　　　　　　　b）修剪

图 2-2-13　延伸/修剪

四、样条线渲染建模

1. "渲染"卷展栏

"创建"样条线和"修改"样条线选项卡下均有"渲染"卷展栏，如图 2-2-14 所示。该卷展栏中各选项的含义如下。

（1）在渲染中启用。勾选该复选框后，可以在渲染器中显示图形的 3D 网格渲染效果。

（2）在视口中启用。勾选该复选框后，可以在视口中显示图形的 3D 网格渲染效果。

（3）使用视口设置。勾选该复选框后下面的"视口"单选按钮才可激活。

（4）径向。3D 样条线截面为环形的参数值。

1）厚度。横截面的直径。

2）边。横截面多边形的边数（初始值为 12）。

3）角度。横截面多边形绕其中心平面旋转的角度（初始值为 0）。

（5）矩形。3D 样条线截面为矩形的参数值。

1）长度。沿截面平面 Y 轴方向的长度。

2）宽度。沿截面平面 X 轴方向的长度。

3）角度。横截面矩形绕其中心平面旋转的角度（初始值为 0）。

4）纵横比。矩形横截面的纵横比，锁定后为恒定不变。

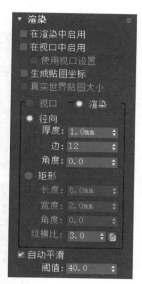

图 2-2-14 "渲染"卷展栏

2. 样条线渲染建模并准备打印

（1）绘制所需样条线图形→勾选"在视口中启用"和"使用视口设置"复选框→选择"视口"单选按钮→设置"径向"或者"矩形"截面参数值；不同参数下样条线截面效果对比见表 2-2-3。

▼ 表 2-2-3　样条线图形渲染效果对比

序号	样条线图形渲染效果	参数设置
1		未勾选"在视口中启用"复选框
2		径向： 厚度 =4 mm 边 =12 角度 =0

续表

序号	样条线图形渲染效果	参数设置
3		径向： 厚度 =4 mm 边 =5 角度 =0
4		径向： 厚度 =4 mm 边 =5 角度 =45°
5		矩形： 长度 =6 mm 宽度 =2 mm 角度 =0
6		矩形： 长度 =6 mm 宽度 =2 mm 角度 =10°

（2）选中样条线渲染的 3D 实体模型，执行"文件"→"导出"→"导出…"命令，选择保存位置后，输入文件名，设置保存类型为"STL"，单击"保存"按钮，在弹出的"导出 STL 文件"对话框中勾选"仅选定"复选框，最后单击"确定"按钮，如图 2-2-15 所示。

五、二维矢量文件建模

3ds Max 软件可以导入 AI 或 DWG 格式的二维矢量图形，这些格式的矢量图形可以由其他软件绘制产生，这样就可以利用其他

图 2-2-15 "导出 STL 文件"对话框

行业的二维矢量图，快速制作适合其行业应用的可打印模型。

建模步骤：

1. 用外部软件绘制二维矢量图，以 AI 或 DWG 格式存储文件。

2. 打开 3ds Max 软件，直接将 AI 或 DWG 格式文件拖拽到视口中，选择"导入文件"选项。此时，视口内就导入了原文件中的二维矢量图。

3. 通过样条线渲染建模的方式为图形添加截面参数（径向、矩形）。

任务实施

一、建立文件

打开软件，执行"文件"→"保存"命令，建立名为"2_2 吉他形轮廓 .max"的文件；检查文件，确定单位设置为毫米。

二、导入参考图

1. 打开参考图所在的文件夹"项目二 \ 任务 2\ 参考图"，右击图片"吉他 .png"，在弹出的菜单中选择"属性"，单击"详细信息"选项卡，获取图片的分辨率（200×600）并做好记录，如图 2-2-16 所示。

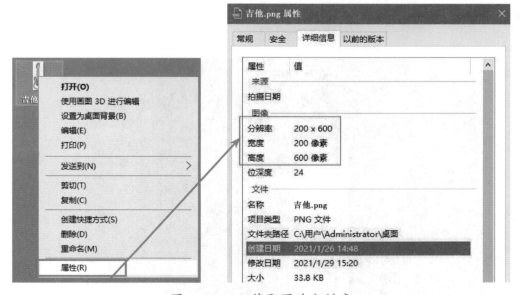

图 2-2-16 获取图片分辨率

2. 打开"2_2 吉他形轮廓 .max"文件，在右侧命令面板的"创建"面板中选择"几何体"选项卡，单击"标准基本体"菜单中的"平面"按钮，在前视图中创建一个平面，将平面的长度和宽度设置为上一步记录的参数值，长度 =600 mm，宽度 =200 mm，如图 2-2-17 所示。

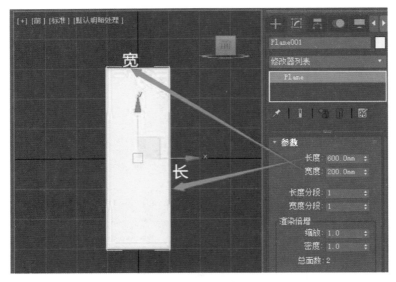

图 2-2-17　创建平面

3. 如图 2-2-18 所示，选择参考图片"吉他 .png"，并将其直接拖拽到前视图的平面上。

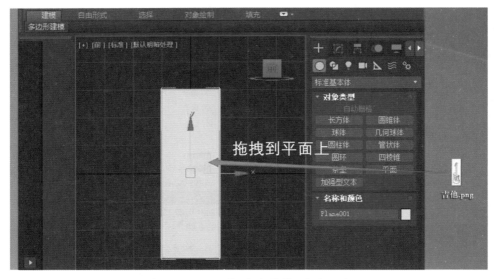

图 2-2-18　将图片拖拽到平面上

4. 右击该平面，选择"对象属性"，在弹出的如图2-2-19所示的对话框中勾选"冻结"复选框，取消"以灰色显示冻结对象"复选框的勾选，单击"确定"，保存此属性设置。

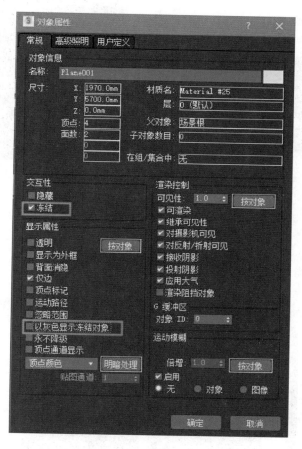

图 2-2-19 "对象属性"对话框

三、绘制吉他琴体

1. 在右侧"创建"面板的"图形"选项卡中，单击"样条线"中的"线"按钮，在前视图中以吉他参考图的外边界为基准，单击确定一个起点位置（起点位置可自定），之后的各点同样以单击鼠标的方式确定，画完最后一个点后再次单击起始点，在弹出的"样条线"对话框（见图2-2-20）中单击"是"，确定闭合样条线，绘制效果如图2-2-21所示。

2. 切换到"修改"面板，单击"顶点"子集，找到曲线的问题点并右击，在弹出的菜单（见图2-2-22）中选择"Bezier角点"，分别调整该点两侧控制手柄的长度和角度，将曲线形状调整得更加接近参考图（问题点举例如图2-2-23所示）。

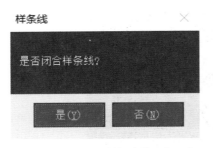

图 2-2-20 "样条线"对话框

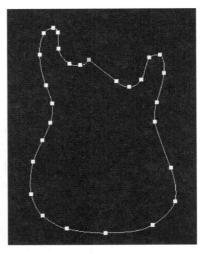

图 2-2-21 吉他形样条线

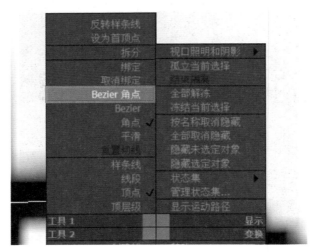

图 2-2-22 转换为"Bezier 角点"

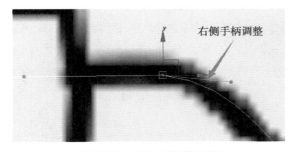

a）问题点 1 调整右侧手柄角度

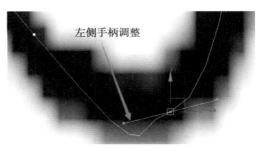

b）问题点 2 调整左侧手柄长度

图 2-2-23 需要调整的问题点举例

3. 利用同样的方式，画出琴体中间的另一个不规则曲线图形，如图 2-2-24 所示。

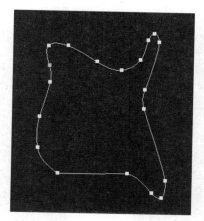

图 2-2-24　琴体的不规则曲线

4. 利用"矩形"样条线工具，在前视图中，参照参考图画出琴体中的一个大矩形和四个圆角矩形（尺寸依参考图自拟），效果如图 2-2-25 所示。

四、绘制吉他指板和琴头

1. 在"创建"面板中选择"矩形"样条线工具，在前视图中绘制矩形样条线作为指板的初始形状，然后将其转换为"可编辑样条线"，在"顶点"子集下调整矩形顶点，将其调整为如图 2-2-26 所示的形状。

图 2-2-25　琴体曲线

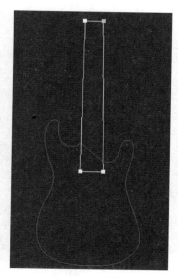

图 2-2-26　指板形状

2. 利用"线"样条线工具，参照参考图画出琴头曲线，如图 2-2-27 所示。

3. 利用"圆形"样条线绘制表示琴头弦钮的六个圆形，如图 2-2-28 所示。

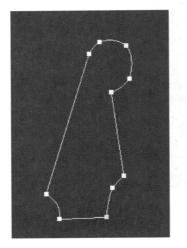
图 2-2-27　琴头曲线

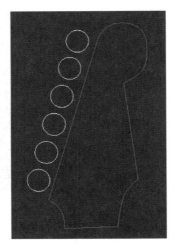
图 2-2-28　琴头弦钮

五、曲线结合及修剪

1. 选择琴体外边缘曲线，单击"几何体"卷展栏下的"附加"按钮，然后在视图中选中指板图形曲线，如图 2-2-29 所示，将两个图形曲线结合成一个图形。

2. 选择"修改"面板中的"样条线"子集，单击"修剪"按钮，在视图中单击需要删除的线段，如图 2-2-30 所示。

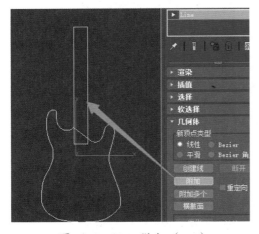
图 2-2-29　附加（一）

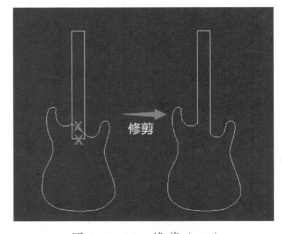
图 2-2-30　修剪（一）

3.选择琴体内部的另一个不规则图形，在"修改"面板中单击"附加"按钮后，在视图中点选要结合的矩形曲线，如图 2-2-31 所示。

　　4.选择"修改"面板中的"样条线"子集，单击"修剪"按钮，在视图中单击需要删除的线段，如图 2-2-32 所示。

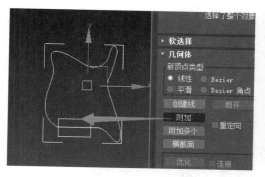
图 2-2-31　附加（二）

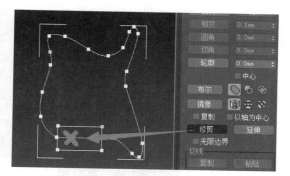
图 2-2-32　修剪（二）

　　5.选择琴头曲线，在"修改"面板中单击"附加"按钮后，在视图中点选要结合的矩形曲线，如图 2-2-33 所示。

　　6.选择"修改"面板中的"样条线"子集，单击"修剪"按钮，在视图中单击需要删除的线段，如图 2-2-34 所示，修剪后的效果如图 2-2-35 所示。

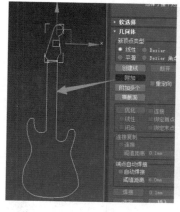
图 2-2-33　附加（三）

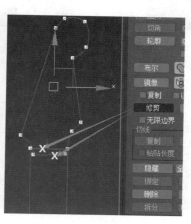
图 2-2-34　修剪（三）

图 2-2-35　修剪后的效果

小贴士

　　需要注意，附加和修剪后的曲线存在断点问题，需要用"修改"面板中的"熔合"或"焊接"指令将两个断点连接到一起。

熔合：将选中的若干个点重叠到一起。

焊接：将两个点连接起来，成为一个点。

六、曲线渲染

1.选择任意曲线，单击"修改"面板中的"附加"按钮，在场景中点选其他曲线，将所有曲线结合成一个曲线图形，效果如图 2-2-36 所示。

2.选中结合后的曲线图形，在右侧"修改"面板中的"渲染"卷展栏中勾选"在渲染中启用"和"在视口中启用"复选框，设置渲染"矩形"参数长度 =15 mm、宽度 =3 mm，效果如图 2-2-37 所示。

图 2-2-36　结合成吉他

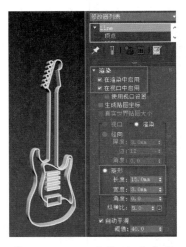
图 2-2-37　渲染后的吉他

七、保存、导出模型

1.保存"2_2 吉他形轮廓 .max"文件。

2.选中吉他轮廓模型，执行"文件"→"导出"→"导出…"命令，选择保存位置后，输入文件名"2_2 吉他形轮廓"，设置保存类型为"STL"，单击"保存"。如图 2-2-38 所示，在弹出的"导出 STL 文件"对话框中勾选"仅选定"复选框，最后单击"确定"完成导出。

图 2-2-38　"导出 STL
文件"对话框

思考与练习

1. 在 3ds Max 软件中，样条线有哪些用途？
2. 练习绘制如图 2-2-39 所示的钥匙轮廓。

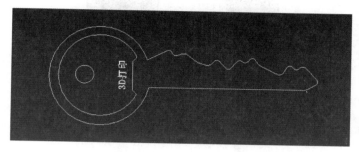

图 2-2-39　钥匙轮廓

任务 3　制作旋转花瓶

 学习目标

1. 了解复合对象建模工具。
2. 掌握"放样"工具的使用方法。
3. 掌握"布尔"工具的使用方法。

 任务引入

本任务要求完成如图 2-3-1 所示旋转花瓶的制作。制作旋转花瓶要用到"放样"工具和"布尔"工具；还要对样条线进行编辑，对放样后的模型进行"变形"。通过本任务的学习，可掌握"放样"工具和"布尔"工具的使用方法，熟悉样条线的编辑转化，为后续练习打下坚实基础。

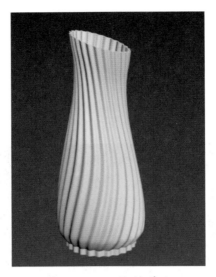

图 2-3-1　旋转花瓶

 相关知识

　　复合对象通常是将两个或多个对象组合成单个对象，可简化复杂模型的建模过程，同时刻画模型细节。3ds Max 提供了多种复合对象工具，建模常用到"放样"和"布尔"工具，它们位于右侧命令面板中，如图 2-3-2 所示。

一、"放样"工具

　　放样是将一个二维图形作为沿某个路径的剖面，从而形成复杂的三维对象。

1. 放样创建方法

　　首先需要绘制两个二维图形，一个二维图形作为放样截面，另一个则作为放样路径。然后选中一个二维图形对象（以先选截面为例），在右侧命令面板中执行"创建"→"几何体"→"复合对象"→"放样"命令，在"创建方法"卷

图 2-3-2　复合对象

展栏下单击"获取路径"按钮后，将光标移动到视图内作为放样路径的二维图形上，当光标变为拾取状态时，单击此图形，便在作为截面的二维图形处生成沿放样路径放样出的三维对象，如图 2-3-3 所示。反之，如果采用先选中放样路径图形再执行"放样"命令，再在视图中拾取放样截面图形的创建方式，则会将放样截面图形移动到放样路径图形起点处，向放样路径终点方向放样出三维对象，如图 2-3-4 所示。

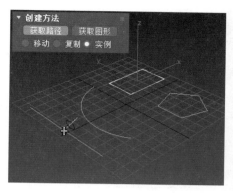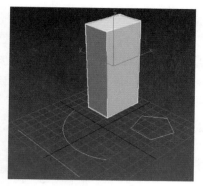

图 2-3-3　矩形放样截面、直线放样路径

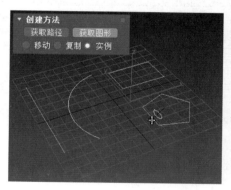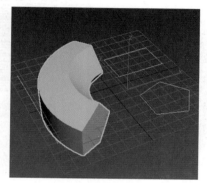

图 2-3-4　弧线放样路径、五边形放样截面

小贴士

放样路径和放样截面图形均可以是闭合或者非闭合的二维图形。如果二者均非闭合，则放样出的三维对象是一个无厚度的面片，如图 2-3-5 所示为用弧线做放样截面、直线做放样路径放样出来的曲面。

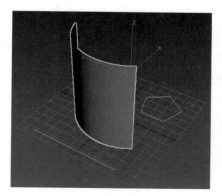

图 2-3-5　弧线放样截面、直线放样路径

2. 放样模型的变形

放样后的模型可以通过右侧命令面板中"修改"面板下"变形"卷展栏内的5个变形命令按钮对其变形参数进行设置。如图2-3-6所示，当变形按钮右侧的灯泡形按钮处于激活状态 💡 时，该变形才对放样模型起作用。这些变形设置针对的是截面形状，可在弹出的相应变形对话框（见图2-3-7）中添加编辑控制点，控制放样路径上各个截面的变形。

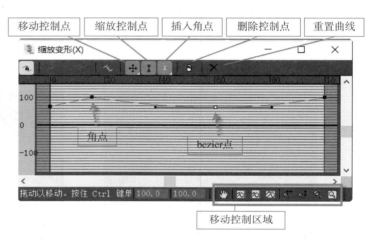

图 2-3-6　"变形"卷展栏　　　　图 2-3-7　"缩放变形"对话框

 小贴士

在每个变形对话框中，都可以通过"插入角点"工具 ▦ 在变形曲线上添加"角点"，然后右击该点改变控制点属性；也可以按住"插入角点"按钮不放切换为"插入bezier点"，直接插入"bezier点"，然后通过调节控制点位置以及手柄状态调节曲线形状。

（1）缩放。改变放样对象X和Y轴的比例因子，并且缩放的基点总是在放样路径上。

（2）扭曲。沿着放样路径方向旋转放样截面，从而产生盘旋或扭曲效果。变形曲线默认处于0位置，当向正值方向拖拽控制点时，放样截面逆时针旋转；当向负值方向拖拽控制点时，放样截面顺时针旋转。

（3）倾斜。围绕局部X轴和Y轴旋转放样截面，该命令常用来辅助与放样路径有偏移的模型生成其他方法难以创建的对象。

（4）倒角。用来为放样对象添加倒角效果。

（5）拟合。使用两条拟合曲线来定义对象的顶部和侧剖面。

以六边形截面直线放样为例，图2-3-8所示为对其末端部分截面的"缩放""旋转""倾斜""倒角"变形的对比，加上X轴、Y轴两个方向拟合曲线后的拟合变形如图2-3-9所示。

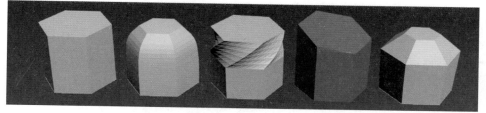

a）六边形截面直线放样　b）缩放变形　c）旋转变形　d）倾斜变形　e）倒角变形

图 2-3-8　六边形截面直线放样的变形对比

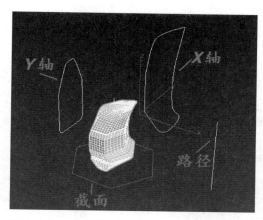

图 2-3-9　X 轴向、Y 轴向的拟合放样

 小贴士

拟合放样的 X 轴向和 Y 轴向的变形不同时，需先关闭默认为打开状态的"均衡"按钮 🔒，然后打开"显示 X 轴"按钮 ▇ 或"显示 Y 轴"按钮 ▇，再打开"获取图形"按钮 ▧ 后拾取视图中相应的二维图形，并通过"水平镜像""垂直镜像""逆时针旋转 90 度"和"顺时针旋转 90 度"按钮来调整拟合变形结果。

二、"布尔"工具

布尔是将两个或多个单独的实体对象交互成指定运算结果的新对象的工具。

1. 布尔运算的六种类型

（1）并集。将两个或多个单独对象组合成一个整体，形成新的单个布尔对象，它们的重合部分仅保留一份使其整体完整。

（2）交集。只保留原始对象的物理交集创建的新对象，移除未相交的部分。

（3）差集。从原始对象中移除选定对象的部分。

（4）合并。将多个对象组合到新的单个对象中，不移除任何几何体对象，但在相交位置创建新边。

（5）附加。将两个或多个实体对象合并成单个布尔对象，而不更改各实体的拓扑，实际上在合并成的对象内各原实体仍为单独元素。

（6）插入。先从原始对象中减去选定对象的边界部分，然后再组合这两个对象。

2. 布尔运算的操作方法

选中一单独对象实体（蓝色高亮显示）后，在右侧命令面板中执行"创建"→"几何体"→"复合对象"→"布尔"命令，接着单击"布尔参数"卷展栏下的"添加运算对象"按钮和"运算对象参数"卷展栏下的运算类型（如差集）按钮，然后移动鼠标在视图内单击被运算对象（黄色高亮显示），视图内会显示运算后的新对象，布尔运算的过程如图 2-3-10 所示。

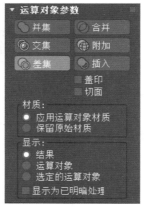

a）"布尔参数"卷展栏　　　　　　　b）"运算对象参数"卷展栏

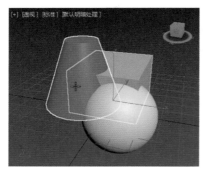

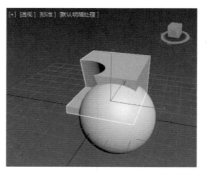

c）选中被运算对象　　　　　　　　d）差集后结果

图 2-3-10　布尔运算过程

在关闭"添加运算对象"功能前，还可以继续添加运算对象和运算类型，继续进行新对象的生成，如图 2-3-11 所示为继续添加球体做"交集"运算。运算完毕后单击"添加运算对象"按钮，关闭布尔运算操作。

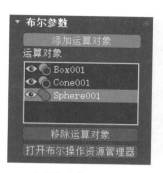

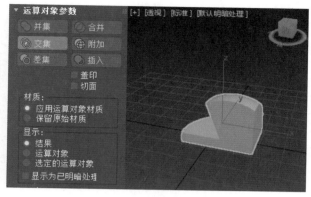

a）添加球体运算对象　　　　　　　b）差集后结果与球体的交集

图 2-3-11　添加球体做"交集"运算

布尔运算可以更改运算类型，如图 2-3-12 所示；还可以在"运算对象"列表中拖动运算对象的顺序更改运算结果，如图 2-3-13 所示为将"并集球体"拖动到"差集圆锥"之前，更改运算效果。

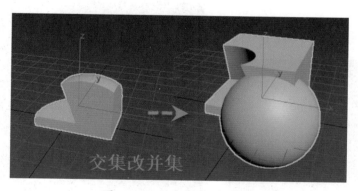

图 2-3-12　交集改并集

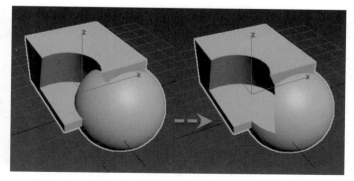

图 2-3-13　先差锥后并球改为先并球后差锥

任务实施

一、建立文件

打开软件，执行"文件"→"保存"命令，建立名为"2_3 旋转花瓶"的文件；检查文件，确定单位设置为毫米。

二、放样花瓶瓶身

1. 绘制二维图形

（1）在右侧命令面板的"创建"面板中选择"图形"选项卡，单击"样条线"菜单中的"星形"按钮，在顶视图中绘制参数为半径 1=60 mm、半径 2=55 mm、点 =24、圆角半径 1=3 mm、圆角半径 2=2 mm 的星形样条线"Star001"，效果如图 2-3-14 所示，右击退出。

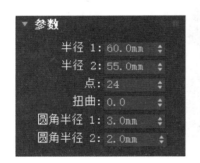
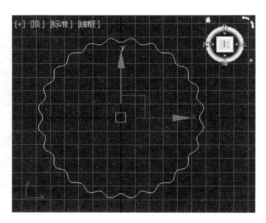

图 2-3-14　绘制星形样条线

（2）如图 2-3-15 所示，用按住"Shift"键移动 X 轴的方式复制一个同样的星形样条线"Star002"备用。

（3）选中星形样条线"Star001"，在"修改"面板中右击"Star"，将其转换为"可编辑样条线"，切换到"样条线"子集，在"几何体"卷展栏下"轮廓"按钮后的文本框中输入"3 mm"并回车确认，添加轮廓后的"Star001"如图 2-3-16 所示。

（4）打开"捕捉开关"按钮 3，单击"样条线"菜单中"线"按钮，在前视图中利用栅格绘制两条直线，参考尺寸为"Line001"经过 33 个栅格、"Line002"经过 1 个栅格，如图 2-3-17 所示。

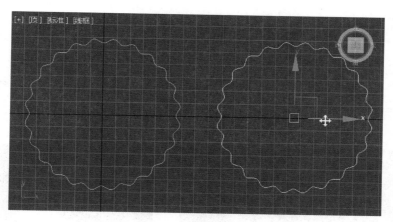

图 2-3-15　移动复制星形样条线

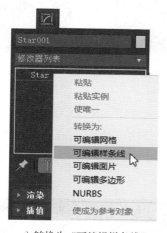

a）转换为"可编辑样条线"

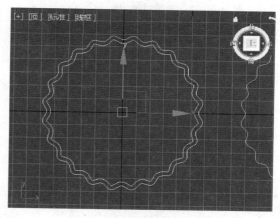

b）添加轮廓后的效果

图 2-3-16　为星形样条线"Star001"添加轮廓

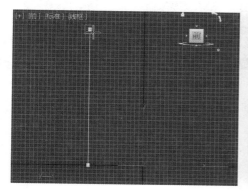

a）Line001　　　　　　　　　　　　　　b）Line002

图 2-3-17　绘制直线"Line001"和"Line002"

2. 利用二维图形放样

（1）对"Star001"放样。选中星形样条线"Star001"后，在右侧命令面板的"创建"面板中选择"几何体"选项卡，单击"复合对象"菜单中的"放样"按钮，单击"创建方法"卷展栏中的"获取路径"按钮，在前视图中拾取样条线"Line001"作为放样路径进行放样，放样效果如图 2-3-18 所示。

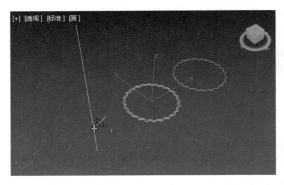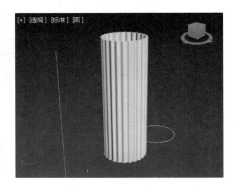

图 2-3-18　对"Star001"放样

（2）添加缩放变形。切换到"修改"面板，此时放样物体被系统命名为"Loft001"，然后在"变形"卷展栏下单击"缩放"按钮，弹出"缩放变形"对话框调整曲线形状，效果如图 2-3-19 所示。

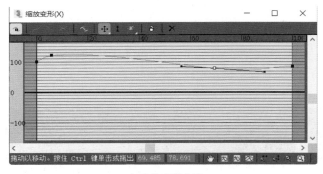

a）缩放变形曲线　　　　　　　　　　　　b）缩放后效果

图 2-3-19　添加缩放变形

（3）添加扭曲变形。单击"变形"卷展栏下的"扭曲"按钮，弹出"扭曲变形"对话框调整曲线形状，效果如图 2-3-20 所示。

（4）添加倾斜变形。单击"变形"卷展栏下的"倾斜"按钮，弹出"倾斜变形"对话框调整曲线形状，效果如图 2-3-21 所示。

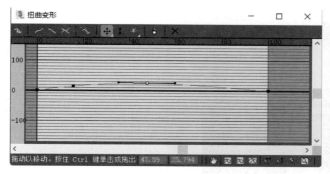

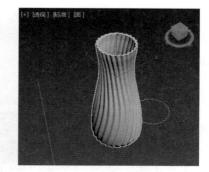

a）扭曲变形曲线　　　　　　　　　　　　b）扭曲后效果

图 2-3-20　添加扭曲变形

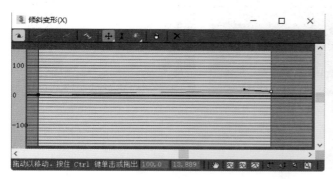

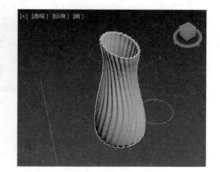

a）倾斜变形曲线　　　　　　　　　　　　b）倾斜后效果

图 2-3-21　添加倾斜变形

 小贴士

在对放样瓶体进行各种变形设计时，注意不要移动最左侧控制点的位置，以免之后与瓶底合并时尺寸不符。

三、放样、布尔花瓶瓶底

1. 选中星形样条线"Star002"后，单击"复合对象"菜单中的"放样"按钮，再单击"创建方法"卷展栏中的"获取路径"按钮，拾取样条线"Line002"作为放样路径进行放样，放样效果如图 2-3-22 所示，放样物体被系统命名为"Loft002"。

2. 在透视图中，保持"Loft002"的选中状态，单击"对齐"按钮 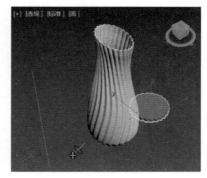，然后单击选中"Loft001"，在弹出的"对齐当前选择"对话框中依次选择"X

图 2-3-22　对"Star002"放样

位置""Y位置"→"当前对象：中心"→"目标对象：中心"→"应用"→"Z位置"→"当前对象：最大"→"目标对象：最小"→"确定"，对齐过程及对齐后的前视图效果如图2-3-23所示。

  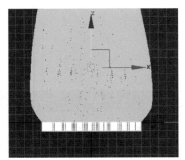

a）对齐X、Y轴方向　　　　　b）对齐Z轴方向　　　　　c）对齐后的前视图效果

图2-3-23　对齐

3. 在透视图中，选中"Loft002"，用按住"Shift"键移动Z轴的方式复制一个同样的放样对象"Loft003"。选中"Loft003"，右击"选择并均匀缩放"按钮 ▣，在弹出的"缩放变换输入"对话框中设置X=90、Y=60、Z=90，回车确认后关闭对话框。然后单击"对齐"按钮 ▣，接着单击选中"Loft002"，在弹出的"对齐当前选择"对话框中依次选择"Z位置"→"当前对象：最大"→"目标对象：中心"→"确定"，缩放、对齐过程及对齐后的前视图效果如图2-3-24所示。

4. 选中"Loft002"，然后单击"复合对象"菜单中的"布尔"按钮，在"布尔参数"卷展栏下单击"添加运算对象"按钮，拾取"Loft003"作为被运算对象，然后在"运算对象参数"卷展栏下选择"差集"按钮，再单击"添加运算对象"按钮结束操作，布尔运算的过程及效果如图2-3-25所示。

四、布尔瓶体与瓶底

选中"Loft001"，然后单击"复合对象"菜单中的"布尔"按钮，在"布尔参数"卷展栏下单击"添加运算对象"按钮，拾取布尔差集后的"Loft002"作为被运算对象，然后在"运算对象参数"卷展栏下单击"并集"按钮，再单击"添加运算对象"按钮结束操作，布尔运算的过程及效果如图2-3-26所示。

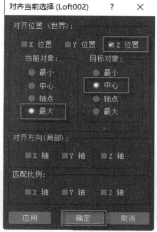

a）"缩放变换输入"对话框　　　b）"对齐当前选择"对话框　　　c）对齐后的前视图效果

图 2-3-24　缩放并对齐

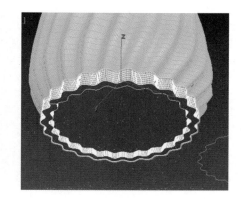

图 2-3-25　对"Loft002"和"Loft003"进行布尔运算

图 2-3-26　对"Loft001"和"Loft002"进行布尔运算

五、保存、导出模型

保存"2_3 旋转花瓶 .max"文件，选中布尔运算后的花瓶整体，执行导出"2_3 旋转花瓶 .STL"文件操作（注意勾选"仅选定"复选框），为打印做准备。

 思考与练习

1. 放样建模时放样截面必须是封闭二维图形么？

2. 放样命令执行前先选择放样截面图形后拾取放样路径与先选择放样路径后拾取放样截面有什么区别？

任务 1　制作拱桥

 学习目标

1. 熟悉修改器堆栈的位置、作用及各按钮功能。
2. 掌握"挤出"修改器和"壳"修改器的作用。
3. 能为对象加载"挤出"修改器,并利用"挤出"修改器将二维闭合图形生成模型实体。
4. 能为对象加载"壳"修改器,熟悉该修改器的应用范围。

 任务引入

　　本任务要求完成如图 3-1-1 所示拱桥的设计。拱桥由拱桥主体、护栏底座、护栏栏杆和拱桥台阶四部分组成。制作拱桥主要用到"挤出"修改器和"壳"修改器,涉及复制、对齐等操作。通过本任务的学习,可掌握"挤出"修改器和"壳"修改器的使用方法,同时熟悉将二维样条线转换为三维模型的主要方法,为之后的高级建模学习建立基础。

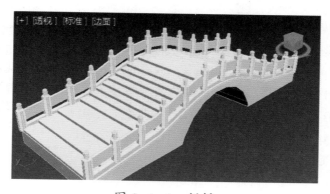

图 3-1-1　拱桥

📚 相关知识

一、修改器堆栈

1. 修改器堆栈的位置及作用

　　修改器堆栈工具位于右侧"修改"面板，是编辑、改变模型几何形状及属性的命令。修改器堆栈如图 3-1-2 所示，是 3ds Max 的重要组成部分。

2. 修改器堆栈按钮

　　（1）锁定堆栈 📌。将堆栈和"修改"面板的所有控件锁定到选定对象的堆栈中。即便在选择视图中的另一个对象之后，也可以继续对锁定堆栈的对象进行编辑。单击图标可切换两种状态，默认状态为 📌（关闭）。

　　（2）显示最终结果开 / 关切换 ▮。在选定对象上显示（或不显示）整个堆栈的效果。如果堆栈中有两个以上修改器，当此开关为 ▮（关闭）状态时，场景中的对象只显示选中修改器之下的修改效果；当此开关为 ▮（打开）状态时，可显示堆栈中所有修改器的修改效果。单击开关图标可切换两种状态，默认状态为 ▮（打开）。

　　（3）使唯一 ⬢。将关联的对象修改为独立对象，这样可以对选择集中的对象单独进行操作（场景中有选择集时才可以使用，没有选择集时为 ⬢ 状态）。

　　（4）从堆栈中移除修改器 🗑。删除当前修改器并清除该修改器引发的更改。

　　（5）配置修改器集 ▦。弹出如图 3-1-3 所示的下拉列表，用于配置在"修改"面板中显示和选择修改器的方法。

　　（6）修改器启用状态 👁 / 禁用状态 👁。每个修改器前都有一个眼睛图标，当图标为 👁（亮色）状态时表示该修改器是启用的，当图标为 👁（灰暗）状态时表示该修改器被禁用了。单击眼睛图标可切换两种状态。

二、加载修改器的方法

　　选择对象后，进入右侧"修改"面板，单击"修改器列表"后的三角按钮，在下拉菜单中选择需要加载的修改器，并对相应参数进行设置，即可得到所需模型，如图 3-1-4 所示。

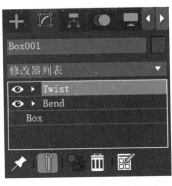

图 3-1-2　修改器堆栈

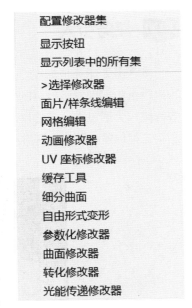

图 3-1-3　配置修改器集

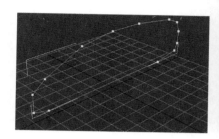

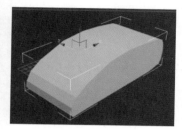

a）选择对象　　　　　　b）选择修改器　　　　　　c）生成模型

图 3-1-4　加载修改器的方法

小贴士

修改器也可以在上方菜单栏中的"修改器"菜单下加载。

三、"挤出"修改器

1."挤出"修改器的作用

"挤出"修改器可以给样条曲线添加一个深度参数，将其转化为一个参数化对象。

2."挤出"修改器的常用参数

"挤出"修改器的"参数"卷展栏如图 3-1-5 所示。

（1）数量。挤出的高度，默认值为 0 mm。

（2）分段。要在挤出对象中创建的线段数目，默认值为 1。

（3）封口

1）封口始端和封口末端。在挤出对象的始端和末端生成一个平面，默认为开。

2）变形。以可预测、可重复的方式排列封口面，这是创建变形目标所必须的操作，默认为开。

3）栅格。在图形边界的方形上修剪栅格中安排的封口面，默认为关。

（4）输出面片 / 网格 /NURBS。指定挤出对象的输出方式，默认为网格。

（5）生成贴图坐标。将贴图坐标应用到挤出对象中，默认为关。

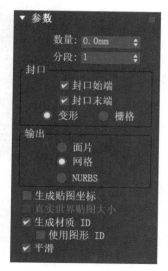

图 3-1-5　"挤出"修改器的"参数"卷展栏

（6）真实世界贴图大小。控制应用于对象的纹理贴图材质所使用的缩放方法，默认为关。

（7）生成材质 ID。将不同的材质 ID 指定给挤出对象的侧面与封口，默认为开。

（8）使用图形 ID。将材质 ID 指定给挤出生成的样条线线段，或指定给在 NURBS 挤出生成的曲线子对象，默认为关。

（9）平滑。将平滑应用于挤出图形，默认为开。

四、"壳"修改器

1. "壳"修改器的作用

"壳"修改器可以使面生成一个壳物体，在壳的内、外侧都可以设一个表面，二维、三维对象均可应用。

2. "壳"修改器的常用参数

"壳"修改器的"参数"卷展栏如图 3-1-6 所示。

图 3-1-6 "壳"修改器的"参数"卷展栏

（1）内部量。向内抽壳的深度，默认值为 0。

（2）外部量。向外抽壳的深度，默认值为 1 mm。

（3）分段。将内外壳总厚细分的段数，默认值为 1。

（4）倒角边。勾选后，指定倒角样条线，3ds Max 会使用样条线定义边的剖面和分辨率，默认为不勾选状态。

（5）覆盖内部材质 ID。使用"内部材质 ID"参数，为所有的内部曲面多边形指定材质 ID。

（6）覆盖外部材质 ID。使用"外部材质 ID"参数，为所有的外部曲面多边形指定材质 ID。

（7）覆盖边材质 ID。使用"边材质 ID"参数，为所有的新边多边形指定材质 ID。

（8）自动平滑边。使用"角度"参数，应用自动和基于角平滑到边面。取消勾选此复选框后，不再应用平滑，默认为勾选。

（9）角度。在边面之间指定最大角，该边面由"自动平滑边"平滑。只在勾选"自动平滑边"复选框之后可用。

（10）覆盖边平滑组。使用"平滑组"设置，用于为新边多边形指定平滑组。只在未勾选"自动平滑边"复选框时可用。

（11）边贴图。指定应用新边的纹理贴图类型。

（12）TV 偏移。确定边的纹理顶点间隔。

（13）选择边。选择边面，从其他修改器的堆栈上传递此选择。

（14）选择内部面。选择内部面，从其他修改器的堆栈上传递此选择。

（15）选择外部面。选择外部面，从其他修改器的堆栈上传递此选择。

（16）将角拉直。调整角顶点以维持直线边。

任务实施

一、建立文件

打开软件，执行"文件"→"保存"命令，建立名为"3_1 拱桥 .max"的文件；检查文件，确定单位设置为毫米。

二、制作拱桥主体

1. 在右侧"创建"面板中选择"图形"选项卡，使用"样条线"中的"矩形"工具在前视图中绘制如图 3-1-7 所示的矩形，参考尺寸为长度 =600 mm、宽度 =1 500 mm，右击退出。

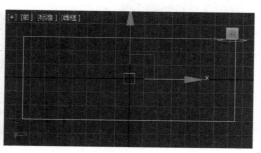

图 3-1-7　绘制"矩形"样条线

2. 切换到"修改"面板，右击修改器列表下窗口中的"Rectangle001"，在弹出的菜单中选择"可编辑样条线"，如图 3-1-8 所示。然后切换到可编辑样条线的"线段"子集，选中矩形的上、下两边，在"几何体"卷展栏中执行"拆分"命令，设置拆分 =3，效果如图 3-1-9 所示。

图 3-1-8 转换为
"可编辑样条线"

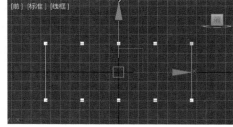

图 3-1-9 拆分矩形上、下边线

3. 切换到可编辑样条线的"顶点"子集，全选所有点后右击，在弹出的如图 3-1-10 所示的菜单中选择"角点"。执行"选择并移动"命令，将各顶点上、下移动至如图 3-1-11 所示位置。

图 3-1-10 顶点类型菜单

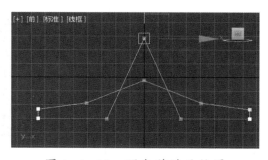

图 3-1-11 顶点移动后位置

4. 保持"顶点"子集状态，选择如图 3-1-12 所示的顶点，在"几何体"卷展栏中设置圆角 =600 mm；用同样的方法将最上面的顶点设置为圆角 =251 mm，最终效果如图 3-1-13 所示。

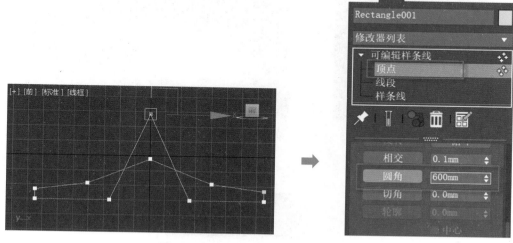

图 3-1-12　设置圆角 =600 mm

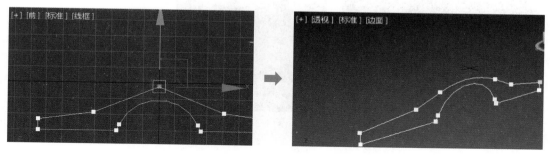

图 3-1-13　设置圆角 =251 mm

5. 为曲线加载"挤出"修改器，在"参数"卷展栏中设置数量 =−500 mm，效果如图 3-1-14 所示。

三、制作拱桥护栏底座

1. 切换到可编辑样条线的"线段"子集状态，选择如图 3-1-15 所示的线段，在如图 3-1-16 所示的"几何体"卷展栏中勾选"复制"复选框，然后执行"分离"命令，在弹出的"分离"对话框中输入"图形 001"后单击"确定"。

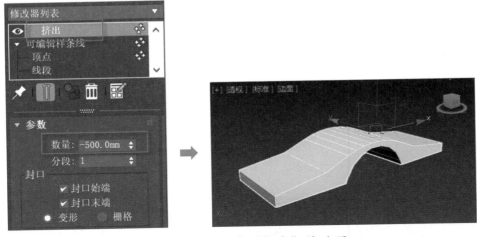

图 3-1-14　加载"挤出"修改器

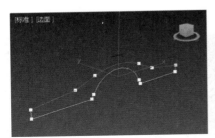

图 3-1-15　选择要分离的线段

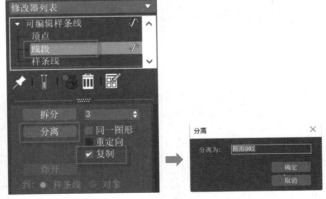

图 3-1-16　分离线段

　　2.单击"按名称选择"按钮 ，在"从场景选择"对话框中双击"图形 001"，在"修改"面板中选择"样条线"子集状态，在"几何体"卷展栏中设置轮廓 =-20 mm，效果如图 3-1-17 所示。

　　3.为"图形 001"加载"挤出"修改器，设置参数为数量 =-20 mm，为了便于观察将颜色改为深色，最终效果如图 3-1-18 所示。

　　4.用第 1 步的方法分离出"图形 002"，效果如图 3-1-19 所示；为其加载"挤出"修改器，参数设置为数量 =8 mm，参数设置及效果如图 3-1-20 所示；接着加载"壳"修改器，参数设置为内部 =5 mm、外部 =2 mm，参数设置及效果如图 3-1-21 所示。

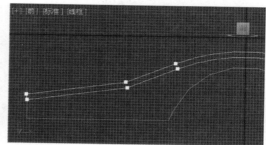

图 3-1-17　设置轮廓 =-20 mm

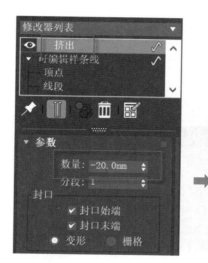
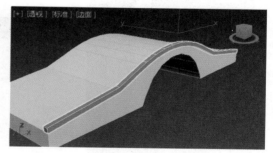

图 3-1-18　加载"挤出"修改器

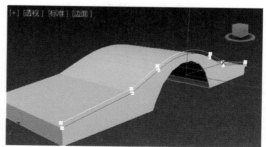

图 3-1-19　分离"图形 002"

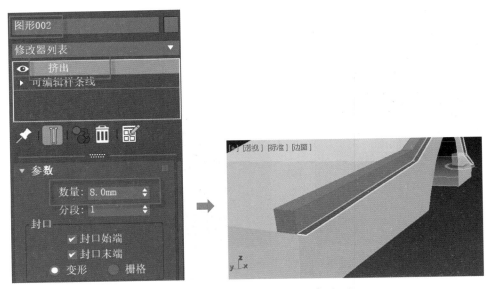

图 3-1-20　加载"挤出"修改器

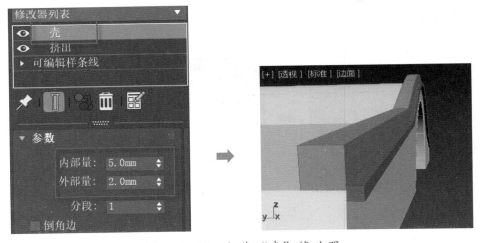

图 3-1-21　加载"壳"修改器

四、制作拱桥护栏栏杆

1. 在右侧命令面板中执行"创建"→"图形"→"样条线"→"线"命令，在顶视图中放大视口显示至栅格间距显示为 10 mm 时，利用捕捉栅格的方法绘制如图 3-1-22 所示的直线段；切换到"修改"面板，选择"Line"的"顶点"子集，选中中间两顶点后右击任一顶点，选择"Bezier 角点"，然后拖动控制手柄将曲线调整为如图 3-1-23 所示形状。

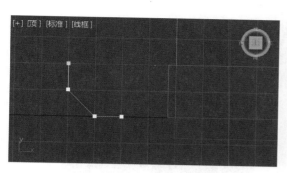

图 3-1-22　绘制直线段

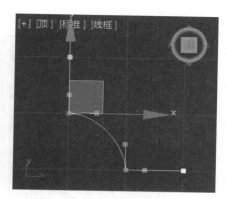

图 3-1-23　调整形状

 小贴士

　　绘制固定值样条曲线时可以打开"捕捉开关" **3?** ，通过捕捉栅格点确定顶点位置。栅格间距默认为 10mm，可在右击 **3?** 后弹出的"栅格和捕捉设置"对话框中设置，如图 3-1-24 所示。

　　2. 切换回"Line"父集后，右击"缩放"按钮 ，在弹出的对话框中设置 $X=Y=Z=80$，将曲线总长度和总宽度缩小为 16 mm，如图 3-1-25 所示。

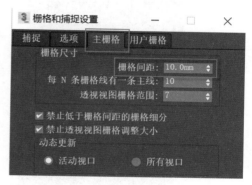

图 3-1-24　"栅格和捕捉设置"对话框

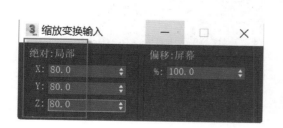

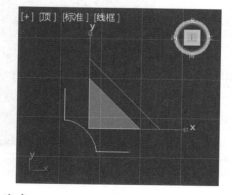

图 3-1-25　缩小线条

　　3. 选中样条线后执行"镜像"命令，如图 3-1-26 所示，在"镜像：屏幕坐标"对话框中设置镜像轴为 X、偏移距离为 =20 mm，选择"复制"单选按钮；接着全选两条样条线再执行一次"镜像"命令，如图 3-1-27 所示，在"镜像：屏幕坐标"对话框中设置镜像轴为 Y、偏移距离为 16 mm，选择"复制"单选按钮。

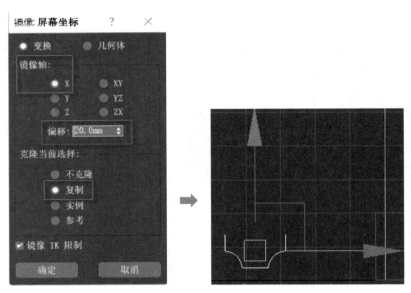

图 3-1-26　X 轴镜像

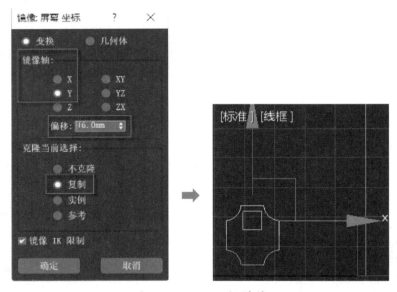

图 3-1-27　Y 轴镜像

4. 选中"Line002"后执行"修改"→"几何体"→"附加多个"命令，如图 3-1-28 所示，按住"Shift"键点选另外三条样条线，单击"附加"确定；然后选择"顶点"子集，全选所有顶点后在"几何体"卷展栏中执行"焊接 =0.1"命令，使曲线闭合边界点（黄色）只有一个。

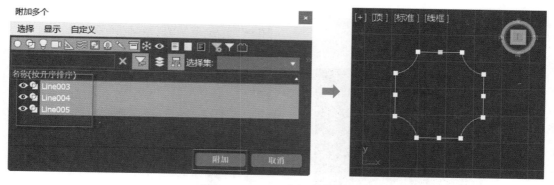

图 3-1-28　附加成整体

5. 为曲线加载"挤出"修改器，设置参数为数量 =200 mm，并将其与护栏底座对齐，位置如图 3-1-29 所示。

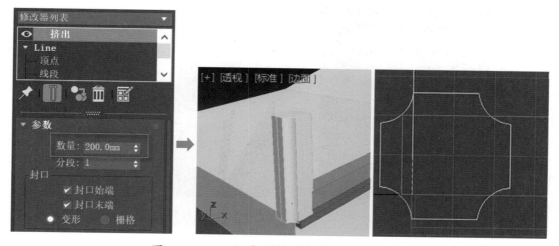

图 3-1-29　加载"挤出"修改器并对齐

6. 执行"创建"→"几何体"→"标准基本体"→"圆柱体"命令，在顶视图中绘制圆柱体，设置参数为半径 =8 mm、高度 =5 mm，将其底部中心与上一步的柱形结构上表面中心贴合对齐，如图 3-1-30 所示；执行"创建"→"几何体"→"扩展基本体"→"切角圆柱体"命令，在透视图中绘制切角圆柱体，设置参数为半径 =10 mm、高度 =26 mm、圆角 =2 mm，并将其底部中心和圆柱顶面中心贴合对齐，如图 3-1-31 所示。

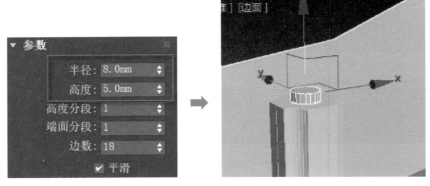

图 3-1-30　创建并对齐圆柱体

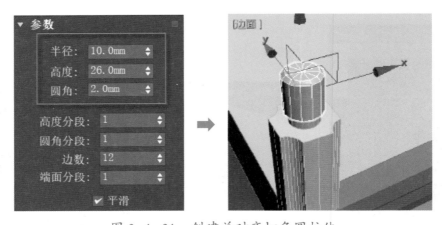

图 3-1-31　创建并对齐切角圆柱体

7. 全选上两步中的 3 个柱体，执行"组"→"组…"命令，如图 3-1-32 所示，将其命名为"组 001 柱"；然后执行"工具"→"阵列"命令，在 X=1 590 mm（参考值）的总长上阵列 13 个柱形栏杆，如图 3-1-33 所示；依次选中栏杆将其移动到适当位置，如图 3-1-34 所示。

8. 在透视图中选中"护栏底座"，按住"Shift"键向上拖动 Z 轴移动一小段距离，复制出"图形 003"，如图 3-1-35 所示。更改其参数为数量 =-10 mm；切换到顶视图中与护栏底座对齐，在弹出的"对齐当前选择"对话框中依次选择"X 位置""Y 位置"→"当前对象：中心"→"目标对象：中心"→"确定"，对齐过程和左端局部放大图如图 3-1-36 所示；接着切换到可编辑样条线的"顶点"子集状态，按住"Ctrl"键依次选择上部样条线的 6 个顶点，将其向上移动至所需位置，结果如图 3-1-37 所示。

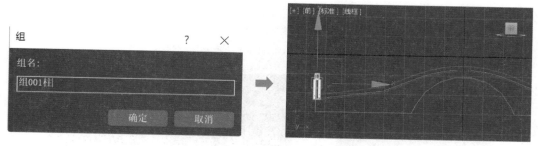

图 3-1-32　群组

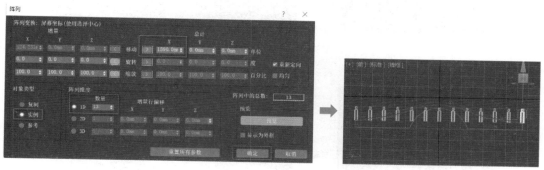

图 3-1-33　阵列

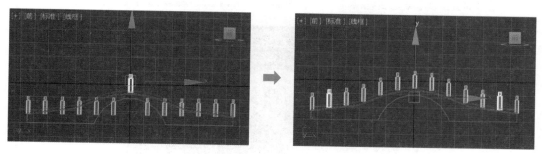

图 3-1-34　移动

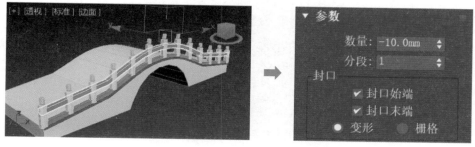

图 3-1-35　复制出"图形 003"

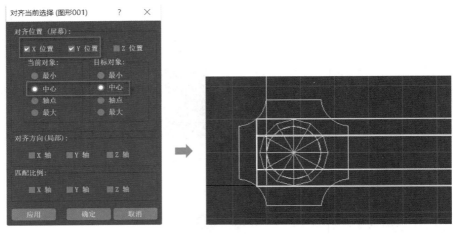

图 3-1-36　对齐"图形 003"

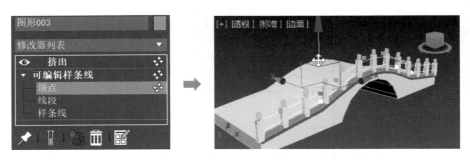

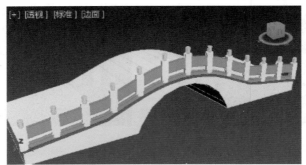

图 3-1-37　调整上护栏宽度

9. 全选护栏栏杆所有结构及护栏底座，群组成"组 002 护栏"，然后执行"镜像"命令，如图 3-1-38 所示，设置镜像轴为 Y、偏移距离为 490 mm，选择"实例"单选按钮，完成主体结构的制作。

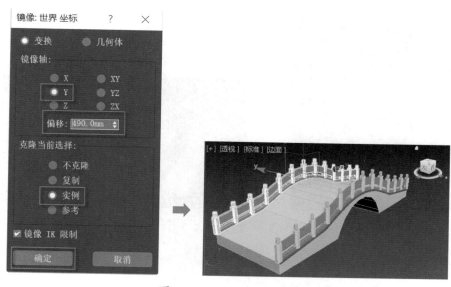

图 3-1-38　镜像护栏

五、制作拱桥台阶

1. 执行"创建"→"几何体"→"标准基本体"→"长方体"命令，在透视图中绘制长方体"Box001"，如图 3-1-39 所示，设置参数为长度 =480 mm、宽度 =160 mm、高度 =15 mm，用移动复制的方式复制出"Box002"，如图 3-1-40 所示，将参数修改为宽度 =80 mm。

2. 将长方体"Box001"与拱桥顶端中心对齐，将长方体"Box002"与"Box001"对齐，在"对齐当前选择"对话框中依次选择"X 位置""Z 位置"→"当前对象：最大"→"目标对象：最小"。为了便于观察可将前面护栏隐藏，效果如图 3-1-41 所示。

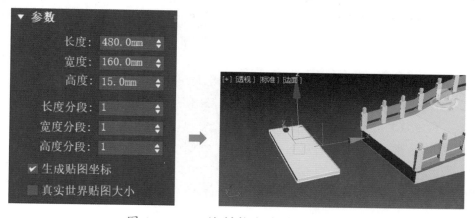

图 3-1-39　绘制长方体"Box001"

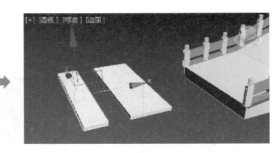

图 3-1-40　复制并修改长方体"Box002"

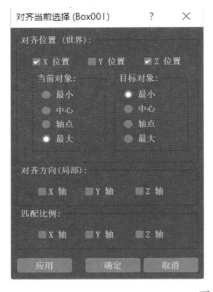

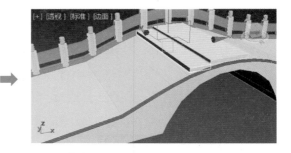

图 3-1-41　对齐

3.选中"Box002"，用移动复制的方法复制出 8 个长方体，按图 3-1-42 所示位置对齐摆放；选中"Box001"，用移动复制的方法复制出 2 个长方体，按图 3-1-43 所示位置对齐摆放，最终效果如图 3-1-44 所示。

4.选中图 3-1-45 中的长方体，群组为"组 003 台阶"，执行"镜像"操作，如图 3-1-46 所示，设置镜像轴为 Y、偏移距离为 468 mm，单击"复制"单选按钮。右击执行"全部取消隐藏"命令，拱桥效果如图 3-1-47 所示。

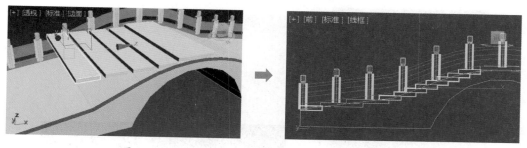

图 3-1-42 用"Box002"复制出 8 个长方体

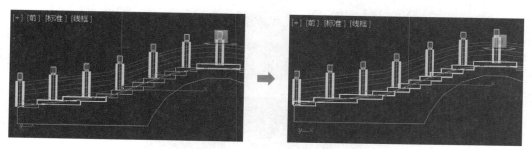

图 3-1-43 用"Box001"复制出 2 个长方体

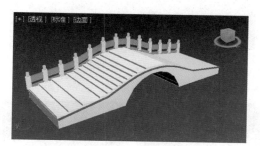

图 3-1-44 最终效果

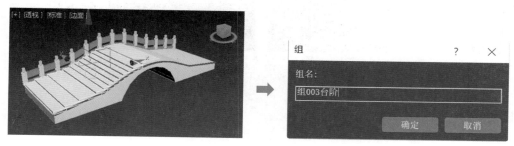

图 3-1-45 群组台阶

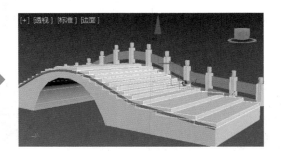

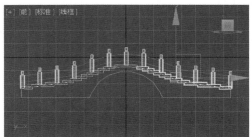

图 3-1-46　镜像台阶

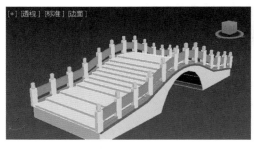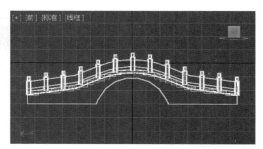

图 3-1-47　整体效果

六、保存、导出模型

保存"3_1 拱桥 .max"文件，导出"3_1 拱桥 .STL"文件，为打印做准备。

思考与练习

1．"挤出"修改器的应用范围是什么？

2．通过添加本节课所学的修改器，将项目二任务 2 的思考与练习 2 中的钥匙轮廓转换成模型，参考效果如图 3-1-48 所示。

图 3-1-48　钥匙

任务 2　制作篆书印章

 学习目标

1．了解修改器在修改器堆栈中的排序和编辑修改器的方法。

2．能通过制作篆书印章模型，掌握"倒角""扭曲""弯曲""车削"等修改器的作用。

 任务引入

本任务要求完成如图 3-2-1 所示篆书印章的设计。篆书印章由带篆书文字的底座、四个装饰柱和手柄三部分组成，制作过程中会用到"倒角""挤出""扭曲""弯曲"和"车削"修改器。完成该任务不但能掌握各修改器的加载，了解修改器排序对模型形状的影响，还能熟练掌握对齐、镜像、阵列等操作，为之后的高级建模学习建立基础。

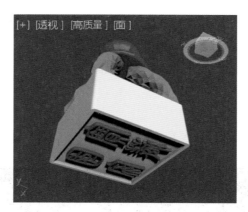

图 3-2-1　篆书印章

 相关知识

一、修改器的排序

　　修改器的排序十分重要，先加载的修改器位于修改器堆栈的下方，后加载的修改器位于修改器堆栈的上方。在修改器堆栈中拖拽某一个修改器就可以改变它的位置，同时物体的形状也会发生变化。对一长方体先加载"扭曲"修改器（Twist）再加载"弯曲"修改器（Bend），长方体的最终效果如图 3-2-2 所示。

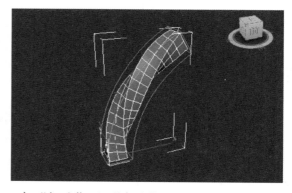

图 3-2-2　先"扭曲"后"弯曲"

　　单击"弯曲"修改器不放，将其拖拽到"扭曲"修改器下方后松开，即可交换两个修改器的位置。此时修改器堆栈中排序为"扭曲"在上"弯曲"在下，长方体的最终效果如图 3-2-3 所示。

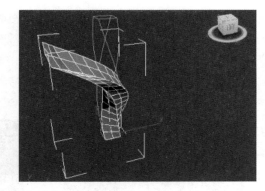

图 3-2-3　先"弯曲"后"扭曲"

二、编辑修改器

右击修改器项目，会弹出"编辑修改器"菜单，菜单中包括一些对修改器进行编辑的常用命令，如图 3-2-4 所示。

1. 剪切、复制与粘贴修改器

修改器可以复制（剪切）到同一物体修改器堆栈的其他位置上，也可以复制（剪切）到其他物体上。方法一：直接右击修改器项目然后单击"复制"（或"剪切"），接着右击需要粘贴的位置，在弹出的菜单中单击"粘贴"；方法二：按住"Ctrl"键（复制粘贴）或"Shift"键（剪切粘贴），将要复制的修改器拖拽到场景中的某一物体上，此物体便被添加了相同参数的修改器。

2. 塌陷修改器

塌陷修改器可以将物体转换为可编辑网格，并删除其所有的修改器，这样可以简化对象，并节约内存，但是塌陷之后就不能对修改器参数进行修改了。使用"塌陷到"命令，只塌陷到当前选择的修改器（修改器堆栈中此修改器以下的修改器被删除，此修改器以上的修改器不变）；使用"塌陷全部"命令，整个修改器堆栈中的修改器全部被删除，对象变为可编辑网格。

如图 3-2-5 所示对象，是在长方体上依次添加了"扭曲""弯曲"和"晶格"3 个修改器。下面以此为例对修改器进行塌陷，方法如下：

方法一。右击修改器堆栈中的"弯曲"修改器，在菜单中选择"塌陷到"命令，弹出"警告：塌陷到"对话框，单击"是"按钮后，"弯曲"和

图 3-2-4　"编辑修改器"菜单

115

"扭曲"修改器被塌陷，编辑对象变为"可编辑网格"，如图 3-2-6 所示。

方法二。右击修改器堆栈中的"弯曲"修改器，在菜单中选择"塌陷全部"命令，弹出"警告：塌陷全部"对话框，单击"是"按钮后，修改器堆栈中的所有修改器（"晶格""弯曲"和"扭曲"修改器）均被塌陷，编辑对象变为"可编辑网格"，如图 3-2-7 所示。

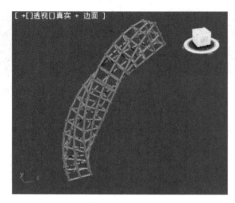

图 3-2-5　为长方体加载 3 个修改器

图 3-2-6　塌陷部分修改器

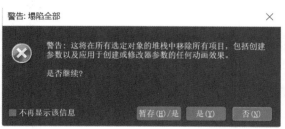

图 3-2-7　塌陷全部修改器

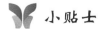 小贴士

右击任意修改器，选择"塌陷全部"的效果相同。如果单击"暂存/是"按钮，则对象状态保存到"暂存"缓冲区，然后才执行塌陷命令，执行"编辑/取回"命令可以恢复到塌

陷前的状态。

三、"倒角"修改器

1."倒角"修改器的作用

"倒角"修改器可以为样条曲线添加一个高度，将其转化为一个参数化对象，并在边缘加入直形或圆形的倒角。

2."倒角"修改器的常用参数

"倒角"修改器参数设置面板包括"参数"卷展栏和"倒角值"卷展栏，如图 3-2-8 所示。

（1）封口。指定倒角对象是否要在一端生成平面以封闭开口，默认为封闭。

（2）封口类型。"变形"或者"栅格"，默认为"变形"。

（3）曲面。侧面分段插补类型，分"线性侧面"和"曲线侧面"，分段数值可直接键入或单击数值后的三角号增减调节。

（4）级间平滑。勾选该复选框，可以将平滑效果应用于倒角对象的侧面，默认为不勾选。

a）"参数"卷展栏　　　　　　　　　　b）"倒角值"卷展栏

图 3-2-8　"倒角"修改器参数设置面板

（5）生成贴图坐标。勾选该复选框，可以将贴图坐标应用于倒角对象，默认为不勾选。

（6）真实世界贴图大小。控制应用于对象的纹理贴图材质所使用的缩放方法，默认为不勾选。

（7）"避免线相交"。勾选该复选框，可以防止轮廓彼此相交，默认为不勾选。分离值为边与边之间的距离。

（8）起始轮廓。轮廓到原始样条曲线的偏移距离，默认值为 0，正值为轮廓变大，负值为轮廓变小。

（9）级别 1

1）高度。"级别 1"在起始级别之上的距离，正值为向坐标轴正方向，负值为向坐标轴反方向。

2）轮廓。"级别 1"的轮廓到起始轮廓的偏移距离，正值为向外，负值为向内。

（10）级别 2

在"级别 1"之后添加一个级别。

1）高度。"级别 2"在"级别 1"之上的距离。

2）轮廓。"级别 2"的轮廓到"级别 1"轮廓的偏移距离。

（11）级别 3

在前一级别之后添加一个级别，如未启用"级别 2"则直接添加在"级别 1"之后。

1）高度。"级别 3"在前一级别之上的距离。

2）轮廓。"级别 3"的轮廓到前一级别轮廓的偏移距离。

四、"扭曲"修改器

1. "扭曲"修改器的作用

"扭曲"修改器可以使对象产生一个自身旋转效果。

2. "扭曲"修改器的常用参数

"扭曲"修改器的"参数"卷展栏如图 3-2-9 所示。

（1）扭曲角度。指定对象自身扭曲角度，默认值为 0。

（2）扭曲偏移。扭曲趋势从轴心沿轴向一侧移动的距离（默认值为 0，最大值为 100）。

（3）扭曲轴。对象自身围绕 X 轴、Y 轴或 Z 轴扭曲，默认为 Z 轴。

（4）限制

1）限制效果。勾选该复选框可以限制扭曲效果，默认为不限制。

2）上限。沿着"扭曲轴"限制扭曲效果的最大边界。

3）下限。沿着"扭曲轴"限制扭曲效果的最小边界。

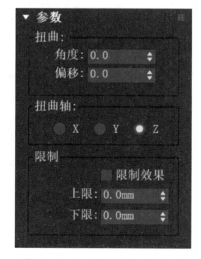

图 3-2-9 "扭曲"修改器的"参数"卷展栏

在扭曲轴上，"上限"数值和"下限"数值之间的对象产生相应的扭曲效果，默认为不限制。

五、"弯曲"修改器

1. "弯曲"修改器的作用

"弯曲"修改器可以使对象产生一个自身弯曲效果。

2. "弯曲"修改器的常用参数

"弯曲"修改器的"参数"卷展栏如图3-2-10所示。

（1）弯曲角度。指定对象自身的弯曲角度，默认值为0。

（2）弯曲方向。在垂直弯曲的平面上弯曲的方向，默认值为0，为X轴正方向，正值为顺时针角度，负值为逆时针角度。

（3）弯曲轴。对象自身在X轴、Y轴或Z轴方向上产生弯曲，默认为Z轴。

（4）限制

1）限制效果。勾选该复选框可以限制弯曲效果，默认为不限制。

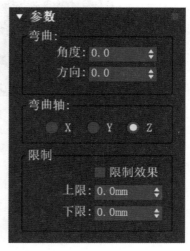

图3-2-10 "弯曲"修改器
"参数"卷展栏

2）上限。沿着"弯曲轴"的正向限制弯曲效果的边界，数值≥0。

3）下限。沿着"弯曲轴"的负向限制弯曲效果的边界，数值≤0。

六、"车削"修改器

1. "车削"修改器的作用

"车削"修改器可以将样条曲线围绕坐标轴旋转生成3D参数化对象。

2. "车削"修改器的常用参数

"车削"修改器的"参数"卷展栏如图3-2-11所示。

（1）度数。指定对象围绕轴旋转的角度，范围为0~360°，默认值为360°。

（2）焊接内核。勾选该复选框，可以通过焊接旋转轴中的顶点来简化网格，默认为不勾选。

（3）翻转法线。勾选该复选框，可以使物体的法线翻转，翻转后物体内部会外翻，默认为不勾选。

（4）分段。在曲面上创建插补线段的数量（起始点之间），默认值为16。

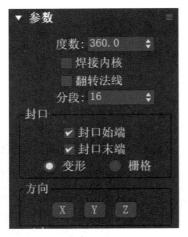 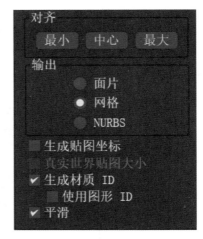

图 3-2-11　"车削"修改器"参数"卷展栏

（5）封口

1）封口始端。如果车削对象的"度数"小于 360，则在车削起点设置封口面。

2）封口末端。如果车削对象的"度数"小于 360，则在车削终点设置封口面。

3）变形、栅格。按照创建变形目标所需的可预见且可重复的模式排列封口面，默认为"变形"。

（6）方向。设置轴的旋转方向为 X/Y/Z。

（7）对齐。将旋转轴与图形的最小、中心或最大位置对齐。

（8）输出。输出方式有"面片""网格"和"NURBS"三种，默认为"网格"。

（9）生成贴图坐标。勾选该复选框，可以将贴图坐标应用于车削对象，默认为不应用。

（10）真实世界贴图大小。控制应用于对象的纹理贴图材质所使用的缩放方法，默认为不应用。

（11）生成材质 ID。勾选该复选框，可以将不同的材质 ID 指定给车削对象的侧面与封口，默认为勾选。

（12）使用图形 ID。勾选该复选框，可以将材质 ID 指定给车削对象生成的样条线线段。

（13）平滑。勾选该复选框，可以将平滑应用于车削对象，默认为勾选。

📖📑 任务实施

一、建立文件

打开软件，执行"文件"→"保存"命令，建立名为"3_2篆书印章.max"的文件；检查文件，确认单位设置为毫米。

二、制作印章底座

1.在右侧命令面板中执行"创建"→"图形"→"样条线"→"矩形"命令,在顶视图中绘制样条线框,在"参数"卷展栏中设置:长度=60 mm、宽度=60 mm、角半径=2 mm,参数和最终效果如图3-2-12所示。

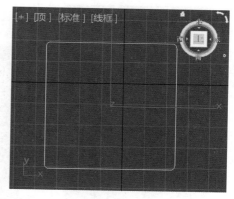

图 3-2-12　绘制矩形样条线

2.打开"修改"面板,在"修改器列表"中加载一个"倒角"修改器,在"倒角值"卷展栏下设置:级别1,高度=-30.5 mm;级别2,轮廓=-2 mm;级别3,高度=2 mm,其余为默认值,参数和模型效果如图3-2-13所示。

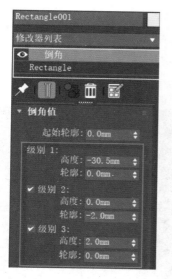
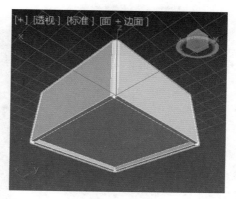

图 3-2-13　加载"倒角"修改器

三、编辑篆书文字

1. 执行"创建"→"图形"→"样条线"→"文本"命令，在"参数"卷展栏下设置：字体为"汉仪篆书繁"，对齐方式为左对齐，文字大小为"27 mm"；文本分两行输入"宝国""藏家"，在顶视图正方形线框中央单击创建，参数和最终效果如图 3-2-14 所示。

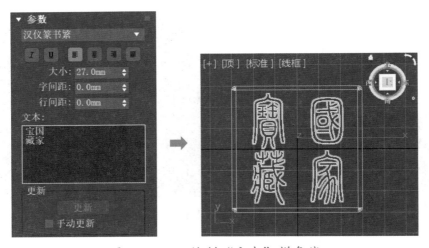

图 3-2-14　绘制"文本"样条线

2. 打开"修改"面板，在"修改器列表"中为文字线框加载"挤出"修改器，在"参数"卷展栏下设置：数量 =3 mm，此时文字模型在水平面之上，参数及前视图效果如图 3-2-15 所示。

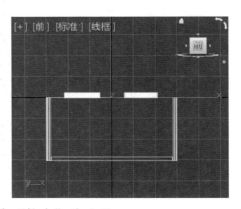

图 3-2-15　加载"挤出"修改器

3. 在主工具栏中选择"对齐"命令，切换到透视图，然后单击印章底座，在弹出的"对齐当前选择"对话框中依次选择"X 位置""Y 位置"→"当前对象：中心"→"目标对象：中心"→"应用"→"Z 位置"→"当前对象：最小"→"目标对象：最小"→"确定"。此时，文字模型底面中心和印章底座模型底部中心对齐，对齐过程及对齐后的前视图效果如图 3-2-16 所示，透视图效果如图 3-2-17 所示。

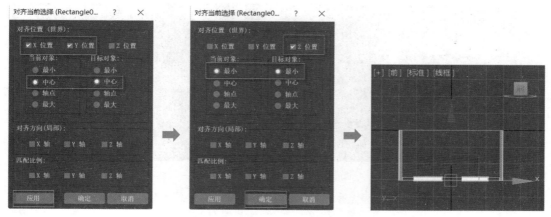

图 3-2-16　对齐过程及前视图效果

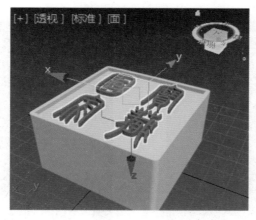

图 3-2-17　透视图效果

 小贴士

从网上下载"汉仪篆书繁"字体（格式为 *.TTF），将其复制粘贴到计算机"控制面板"的"字体"项目内，字体便自动安装到本台计算机的字体库中，在添加文本操作时，字体库中会有相应字体出现。

四、制作装饰结构

1. 执行"创建"→"几何体"→"标准基本体"→"长方体"命令，在顶视图中绘制长方体，参数：长度 = 宽度 =10 mm、高度 =50 mm、长度分段 = 宽度分段 =2、高度分段 =10，长方体对齐于底座一角，效果如图 3-2-18 所示。

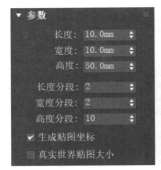
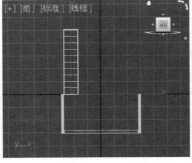
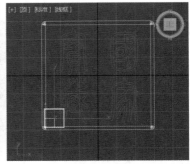

图 3-2-18　绘制长方体

2. 打开"修改"面板，在"修改器列表"中为长方体加载"扭曲"修改器，在"参数"卷展栏下设置：角度 =260、扭曲轴 =Z，参数和模型效果如图 3-2-19 所示。

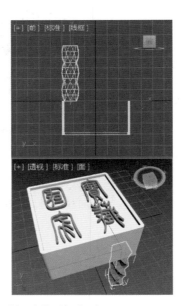

图 3-2-19　加载"扭曲"修改器

3. 继续加载"弯曲"修改器，在"参数"卷展栏下设置：角度 =60、方向 =-45、扭曲轴 =Z，参数和模型效果如图 3-2-20 所示。

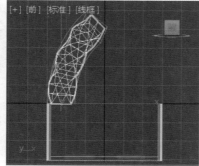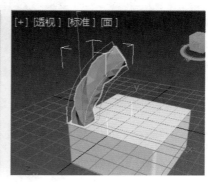

图 3-2-20　加载"弯曲"修改器

4. 执行"对齐"命令，单击印章底座，在弹出的"对齐当前选择"对话框中依次选择"X 位置""Y 位置"→"当前对象：最小"→"目标对象：最小"→"应用"→"Z 位置"→"当前对象：最小"→"目标对象：最大"→"确定"。此时"装饰柱 1"和印章底座模型左下角对齐，对齐过程及对齐后的顶视图效果如图 3-2-21 所示。

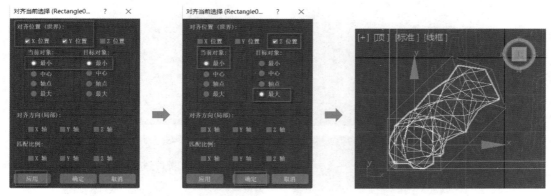

图 3-2-21　对齐"装饰柱 1"

5. 执行"镜像"命令，在弹出的"镜像：世界坐标"对话框中设置镜像轴为 X、偏移距离为 46 mm，单击"复制"单选按钮，镜像出"装饰柱 2"，参数设置及效果如图 3-2-22 所示。

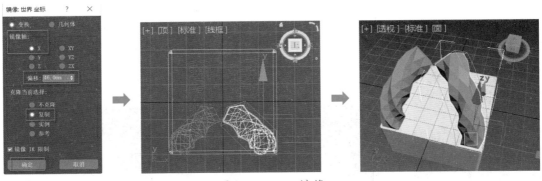

图 3-2-22　镜像

6.按住"Ctrl"键加选"装饰柱 1"，再次执行"镜像"命令，设置镜像轴为 Y、偏移距离为 32 mm，单击"复制"单选按钮，镜像出另外两个装饰柱，参数设置和最终效果如图 3-2-23 所示。

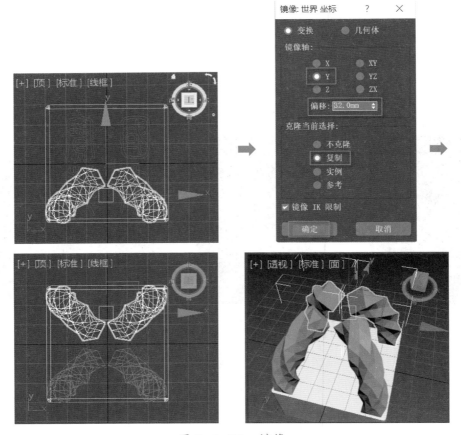

图 3-2-23　镜像

小贴士

其他 3 个装饰柱也可以通过旋转复制的方式得到，只是旋转复制得到的装饰柱的扭曲方向一致，镜像复制得到的装饰柱两两对称。

五、制作手柄

1. 执行"创建"→"图形"→"样条线"→"线"命令，在前视图中绘制如图 3-2-24 所示的样条线。

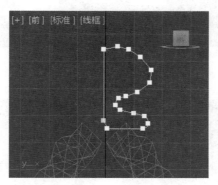

图 3-2-24 "线"样条线

2. 打开"修改"面板，加载"车削"修改器，在"参数"卷展栏下设置：角度 =360、方向 =Y，参数及模型效果如图 3-2-25 所示。

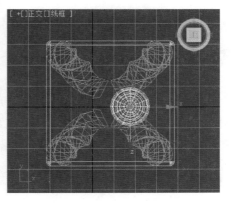

图 3-2-25 加载"车削"修改器

3. 选择"修改器列表"中"车削"修改器的"轴"子集，执行"选择并移动"命令后，选中 X 轴并向左移动，调整手柄结构，如图 3-2-26 所示；再用"对齐"命令将手柄轴心和印章底座轴心在 X 轴和 Y 轴方向对齐。印章模型的最终效果如图 3-2-27 所示。

 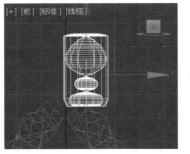 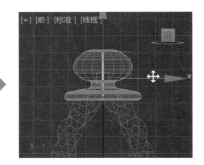

图 3-2-26　调整轴

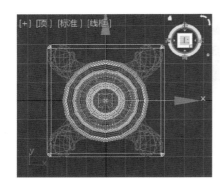 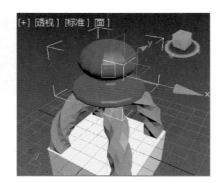

图 3-2-27　印章的最终效果

六、保存、导出模型

保存"3_2篆书印章.max"文件，导出"3_2篆书印章.STL"文件，为打印做准备。

思考与练习

1. "倒角"修改器与"挤出"修改器的区别是什么？

2. 利用"倒角"修改器制作简单印章，参考效果如图 3-2-28 所示。

3. 利用"扭曲"修改器制作扭曲双球，参考效果如图 3-2-29 所示，并导出 STL 格式文件。

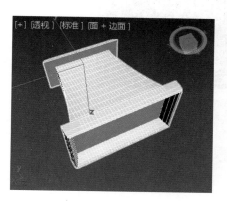

图 3-2-28 简单印章

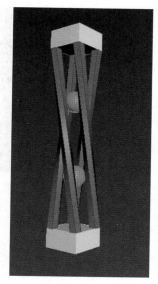

图 3-2-29 扭曲双球

任务 3 制作水晶吊灯

 学习目标

1. 掌握"晶格"修改器、"拉伸"修改器和"平滑"修改器的作用。
2. 能为对象加载修改器，并利用"晶格"修改器绘制框架类模型。
3. 能利用"拉伸"修改器和"平滑"修改器改变模型形状。

 任务引入

本任务要求完成如图 3-3-1 所示水晶吊灯的设计。水晶吊灯由灯座、水晶珠、水滴珠以及串珠线组成，制作过程中会用到"晶格""拉伸"修改器和对齐、旋转复制等操作。通过水晶吊灯的制作可以掌握各修改器的选择和使用，同时能够继续熟悉对齐、旋转复制等操作，为之后的高级建模学习奠定基础。

129

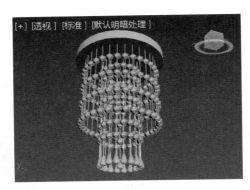

图 3-3-1　水晶吊灯

 相关知识

一、"晶格"修改器

1."晶格"修改器的作用

"晶格"修改器可以将图形的线段或边转化为圆柱形结构，并在每个交点上生成关节多面体。

2."晶格"修改器的常用参数

"晶格"修改器的"参数"卷展栏如图 3-3-2 所示。

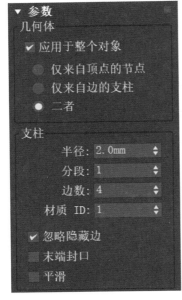

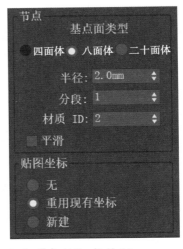

图 3-3-2　"晶格"修改器的"参数"卷展栏

（1）几何体

1）应用于整个对象。勾选该复选框，可以将"晶格"应用到对象的所有边或线段上，默认为勾选，禁用时仅将"晶格"应用到堆栈中的选择子对象。

2）仅来自顶点的节点。只在网格交点处生成多面体关节。

3）仅来自边的支柱。只在网格线段上生成多面体连接柱。

4）两者。网格交点处生成多面体关节、网格线段上生成多面体连接柱。

（2）支柱

1）半径。多面体连接柱的半径大小。

2）分段。多面体连接柱轴向上的分段数目，默认值为1。

3）边数。连接柱截面多边形的边数，最低值为3，边数越大连接柱越趋近于圆柱。

4）材质ID。用于连接柱的材质ID，可以不同于节点的材质ID。

5）忽略隐藏边。勾选该复选框，可以仅对对象的可视线框生成支柱结构。取消勾选时，不可见的线框也会生成支柱结构，视觉效果会多出一条斜支柱。对比效果如图3-3-3所示。

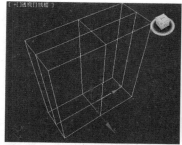

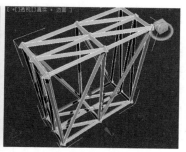

a）长方体线框　　　　　　　b）忽略隐藏边　　　　　　　c）关闭"忽略隐藏边"

图3-3-3　忽略隐藏边

6）末端封口。一般在没有节点连接支柱时，支柱连接处为未封闭状态，勾选该复选框可以在支柱末端生成封闭面结构，对比效果如图3-3-4所示。

a）不勾选　　　　　　　　　　b）勾选

图3-3-4　末端封口

7）平滑。勾选该复选框，可以将连接柱平面变为曲面，没有棱角。

（3）节点

1）基点面类型。指定关节的多面体类型，分为"四面体""八面体"和"二十面体"3种。

2）半径。关节多面体的半径大小。

3）分段。关节多面体的分段数目，默认值为1，数值越大关节多面体的形状越趋近于圆球。

4）材质 ID。用于节点关节的材质 ID，可以不同于支柱的材质 ID。

5）平滑。勾选该复选框，可以将平滑用于关节结构。

（4）贴图坐标

1）无。不指定贴图。

2）重用现有坐标。将当前贴图指定给对象。

3）新建。将圆柱形贴图应用于每个结构。

二、"拉伸"修改器

1. "拉伸"修改器的作用

"拉伸"修改器可以为对象添加挤压和拉伸的变形效果。

2. "拉伸"修改器的常用参数

"拉伸"修改器的"参数"卷展栏如图 3-3-5 所示。

（1）拉伸。为对象轴设置基本的缩放因子，正值为拉伸，负值为压缩。

（2）放大。更改应用到副轴上的缩放因子。

（3）拉伸轴。指定以对象的 X/Y/Z 轴作为拉伸轴。

（4）限制

1）限制效果。勾选该复选框，可以限制拉伸效果，默认为不限制。

2）上限。从对象中心沿着"拉伸轴"的正向限制拉伸效果的边界，数值 ≥ 0。

3）下限。从对象中心沿着"拉伸轴"的负向限制拉伸效果的边界，数值 ≤ 0。

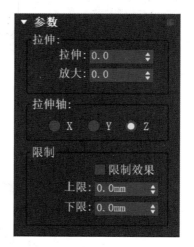

图 3-3-5 "拉伸"修改器的"参数"卷展栏

三、平滑类修改器

1. 平滑类修改器的种类

平滑类修改器有"平滑"修改器、"涡轮平滑"修改器和"网格平滑"修改器。

2. 三种平滑修改器的区别

（1）"平滑"修改器。参数最简单，但是平滑强度不强。

（2）"涡轮平滑"修改器。利用内存能更快并有效地平滑，但修改器在运算时容易发生错误。涡轮平滑提供网格平滑功能的限制子集。涡轮平滑使用单独平滑方法（NURBS），它可以仅应用于整个对象，不包括子对象层级，并输出三角网格对象。

（3）"网格平滑"修改器。最常用的平滑类修改器，可通过多种方法来平滑几何体，可同时将角和边变得平滑。调节"网格平滑"参数可控制新面的大小和数量，以及它们影响对象曲面的方式。

3. "涡轮平滑"修改器的主要参数

"涡轮平滑"修改器的参数卷展栏如图 3-3-6 所示。

（1）主体

用于设置涡轮平滑的基本参数。

1）迭代次数。设置网格细分的次数，默认值为 1。

2）渲染迭代次数。勾选该复选框，可以允许在渲染时选择一个不同数量的平滑迭代次数应用于对象。

3）等值线显示。勾选该复选框，可以只显示等值线对象在平滑之前的原始边，减少混乱的显示。

4）明确的法线。勾选该复选框，可以允许"涡轮平滑"修改器为输出计算法线，默认为不勾选。

（2）曲面参数

允许通过曲面属性对对象应用平滑组并限制平滑效果。

1）平滑结果。勾选该复选框，可以对所有曲面应用相同的平滑组。

2）材质。勾选该复选框，可以防止在不共享材质 ID 的曲面之间的边上创建新曲面。

3）平滑组。勾选该复选框，可以防止在不共享至少一个平滑组的曲面之间的边上创建新曲面。

（3）更新选项

"手动"或"渲染时"适用于平滑对象的复杂度过高而不能应用自动更新的情况。注意，可以同时在主组中设置更高的平滑度仅在渲染时应用。

1）始终。更改任意平滑网格设置时自动更新对象。

2）渲染时。只在渲染时更新对象的视口显示。

3）手动。改变的任意设置直到单击"更新"按钮时才起作用。

4）更新。更新视口中的对象，仅在选择"渲染时"或"手动"单选按钮时才起作用。

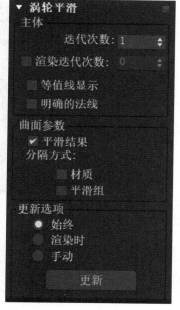

图 3-3-6 "涡轮平滑"修改器的参数卷展栏

4."网格平滑"修改器的主要参数

"网格平滑"修改器有 7 个卷展栏，常用卷展栏有"细分方法"卷展栏和"细分量"卷展栏，如图 3-3-7 所示。

（1）"细分方法"卷展栏

分为"经典""四边形输出"和"NURMS 三种。

1）经典。可以生成三面和四面的多面体。

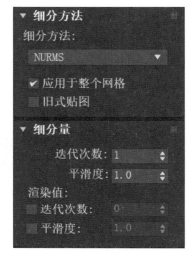

图 3-3-7　"网格平滑"修改器的参数卷展栏

2）四边形输出。仅生成四面多面体。

3）NURMS。NURMS（非均匀精化网格平滑）生成的对象与可以为每个控制顶点设置不同权重的 NURBS 对象相似，这是默认设置。

4）应用于整个网络。勾选该复选框，可以将平滑效果应用于整个对象。

（2）"细分量"卷展栏

1）迭代次数。网格的细分次数，是最常用的一个参数，取值范围为 0～10。增加该值时，每次新的迭代会通过在迭代之前对顶点、边和曲面创建平滑差补顶点来细分网格。

2）平滑度。为锐角添加面以平滑锐角，计算得到的平滑度为顶点连接的所有边的平均角度。

3）渲染值。用于在渲染时对对象应用不同的平滑"迭代次数"和"平滑度"值。建模时两者用较低的值，渲染时两者用较高的值。

任务实施

一、建立文件

打开软件，执行"文件"→"保存"命令，建立名为"3_3 水晶吊灯 .max"的文件；检查文件，确定单位设置为毫米。

二、制作水晶吊灯内圈串珠

1. 在右侧命令面板中执行"创建"→"几何体"→"标准基本体"→"圆柱体"命令，在顶视图中绘制圆柱体，参数设置：半径 =20 mm、高度 =80 mm、高度分段 =6、边数 =18，如图 3-3-8 所示，然后右击退出。

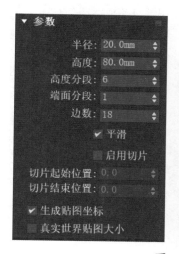
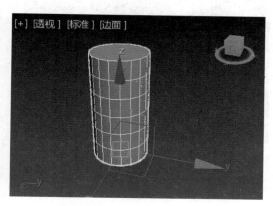

图 3-3-8　绘制圆柱体

2. 在右侧"修改"面板的"修改器列表"中为圆柱体加载"晶格"修改器，在"参数"卷展栏下设置：仅来自顶点的节点、基点面类型为二十面体、半径为 4 mm，参数及模型效果如图 3-3-9 所示。

3. 在主工具栏中打开"捕捉开关"，右击"捕捉开关"按钮，在弹出的"栅格和捕捉设置"对话框中勾选"栅格点"和"端点"复选框；执行"创建"→"图形"→"样条线"→"线"命令，在前视图中按如图 3-3-10 所示位置，按住"Shift"键绘制一条竖线，右击退出。然后勾选"渲染"卷展栏中的"在视口中启用"和"使用视口设置"复选框，设置径向厚度 =0.5 mm、边 =12，如图 3-3-11 所示。

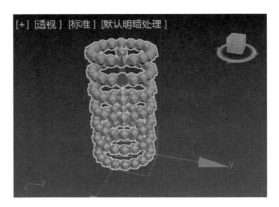

图 3-3-9　加载"晶格"修改器

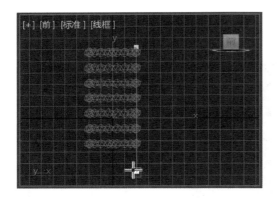

图 3-3-10　"线"样条线

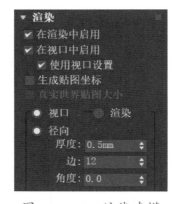

图 3-3-11　渲染建模

4. 在前视图中绘制几何球体，参数如图 3-3-12 所示，半径 =3 mm、分段 =4、基点面类型为八面体、取消勾选"平滑"复选框。为几何球体加载"拉伸"修改器，在"参数"卷展栏下设置：拉伸 =0.7、放大 =1.2、拉伸轴 =Y，参数设置及模型效果如图 3-3-13 所示。切换到"Gizmo"子集，向上移动 Y 轴至如图 3-3-14 所示位置，水滴形状完成。

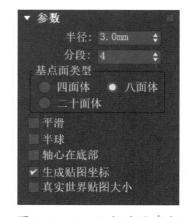

5. 在前视图中选中水滴，执行"对齐"命令，单击第 3 步中的样条线，弹出"对齐当前选择"对话框，依次选择"Y 位置"→"当前对象：最大"→"目标对象：最小"→"应用"→"X 位置""Z 位置"→"当前对象：中心"→"目标对象：中心"→"确定"，对齐过程如图 3-3-15 所示，对齐效果如图 3-3-16 所示。

图 3-3-12　几何球体参数

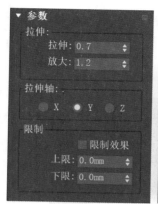

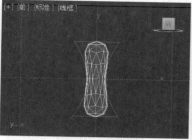

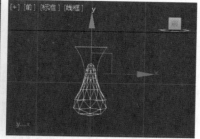

图 3-3-13　加载"拉伸"修改器　　　　　图 3-3-14　移动"Gizmo"

图 3-3-15　对齐过程　　　　　　　图 3-3-16　对齐效果

6. 如图 3-3-17 所示，选中水滴和线条，在菜单栏中执行"组"→"组…"命令，在弹出的"组"对话框中设置组名为"组 001"，单击"确定"。

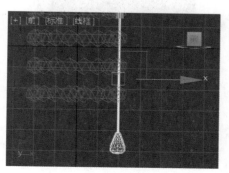

图 3-3-17　选中水滴和线条

7. 保持"组 001"的选中状态，在右侧"层次"面板中依次选择"轴"→"仅影响轴"，如图 3-3-18 所示。将"组 001"的坐标中心移动至圆环中心，效果如图 3-3-19 所示，单击关闭"仅影响轴"。

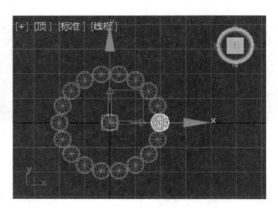

图 3-3-18　"层次"面板　　　　　图 3-3-19　轴移动后的效果

 小贴士

将图 3-3-8 中的圆柱体模型中心创建在世界坐标（0，0，0）点，便可通过直接在视口底部状态栏中将"组 001"的世界坐标 X、Y 值都改成 0，实现"组 001"坐标轴在 XY 平面与晶格圆环中心点重合。

8. 执行"角度捕捉切换"命令，并右击设置角度为 20 度，执行"选择并旋转"命令，按住"Shift"键，在顶视图中拖动 XY 平面手柄旋转 20°，弹出"克隆选项"对话框，设置：对象 = 实例，副本数 =19，名称 = 组 002，单击"确定"。旋转复制的过程及最终效果如图 3-3-20 所示。

图 3-3-20　旋转复制

三、制作水晶吊灯外圈串珠

1. 选中内圈串珠，按住"Shift"键，执行"选择并移动"命令，将 Y 轴向上拖动一定距离复制出一新对象，"克隆选项"设置：对象 = 复制，单击"确定"，如图 3-3-21 所示。

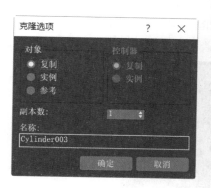

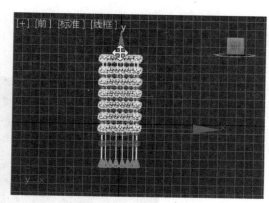

图 3-3-21　移动复制

2.打开右侧"修改"面板，在修改器堆栈中选择"Cylinder"，将参数改为半径＝40 mm、高度＝80 mm，参数设置及效果如图 3-3-22 所示。然后在堆栈中选择"晶格"，在如图 3-3-23 所示的"参数"卷展栏中，选择"二者"单选按钮，设置支柱半径＝0.5 mm，其余保持不变。

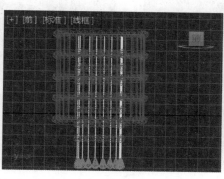

图 3-3-22　修改"Cylinder"参数

图 3-3-23　加载
"晶格"修改器

四、制作灯座

1. 由于晶格结构的原因，模型中间出现一排水晶珠，用按住"Shift"键拖拽的方法将"组 001"复制一个副本到模型中心，对齐后的效果如图 3-3-24 所示。

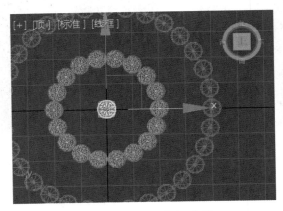

图 3-3-24　对齐效果

2. 在顶视图中绘制如图 3-3-25 所示的圆柱体，参数设置：半径 =50 mm、高度 = 10 mm、边数 =32。切换到前视图，将圆柱体移动至如图 3-3-26 所示位置对齐。水晶灯的最终效果如图 3-3-1 所示。

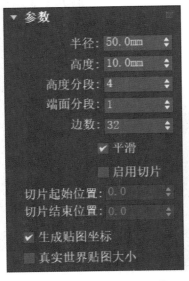
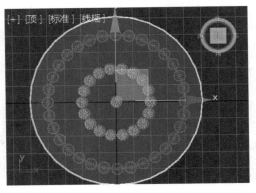

图 3-3-25　绘制圆柱体

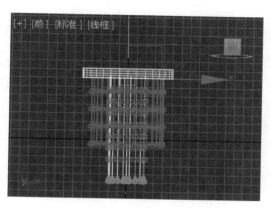

图 3-3-26　对齐

五、保存、导出模型

保存"3_3 水晶吊灯 .max"文件，导出"3_3 水晶吊灯 .STL"文件，为打印做准备。

思考与练习

1. "拉伸"修改器和"挤出"修改器有什么不同？
2. 制作如图 3-2-27 所示的六面体摆件。

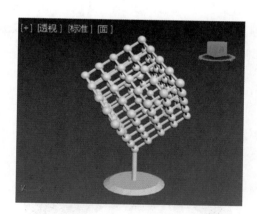

图 3-3-27　六面体摆件

任务4 制作木椅

 学习目标

1. 掌握"FFD"修改器、"锥化"修改器和"镜像"修改器的作用。

2. 能根据情况合理选用"FFD"修改器，并利用"FFD"修改器改变对象形状。

3. 能为对象加载"锥化"修改器，并利用"锥化"修改器绘制两侧大小均匀变化的模型。

4. 能为对象加载"镜像"修改器，并利用"镜像"修改器绘制对称结构模型。

任务引入

本任务要求完成如图3-4-1所示木椅的设计。木椅由椅子垫、椅子前腿和椅子靠背三部分组成，在造型设计时会用到"FFD 3×3×3""FFD（长方形）""锥化"和"镜像"修改器。通过本任务的学习，可掌握"FFD"修改器、"锥化"修改器和"镜像"修改器的使用方法，同时能够加强对修改器建模的练习，为之后的高级建模学习奠定基础。

图3-4-1 木椅

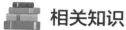 **相关知识**

一、"FFD"修改器

1. "FFD"修改器的作用

"FFD"是"自由变形"的意思,"FFD"修改器即"自由变形"修改器,是使用晶格框包围住选中的几何体,然后通过调整晶格的控制点来改变封闭几何体的形状。

2. "FFD"修改器的种类

"FFD"修改器包含 5 种类型,分别是"FFD 2×2×2"修改器、"FFD 3×3×3"修改器、"FFD 4×4×4"修改器、"FFD(长方体)"修改器和"FFD(圆柱体)"修改器。

3. "FFD"修改器的常用参数

"FFD"修改器的参数卷展栏分为两类,这里以"FFD(长方体)"修改器为例介绍参数卷展栏,如图 3-4-2 所示。

图 3-4-2 "FFD(长方体)"修改器的参数卷展栏

(1)尺寸

1)点数。晶格中的控制点数目,长方体默认为 4×4×4,圆柱体默认为 4×6×4。

2)设置点数。单击可弹出"设置 FFD 尺寸"对话框,如图 3-4-3 所示,可以在该对话框中设置控制点的数目。

图 3-4-3 "设置 FFD 尺寸"对话框

（2）显示

1）晶格。勾选该复选框，可以将连接控制点的线条形成栅格，默认为勾选。

2）源体积。勾选该复选框，可以将控制点和晶格以未修改的状态显示出来，默认为不勾选。

（3）变形

1）仅在体内。只有位于源体积内的顶点会变形，默认为开。

2）所有顶点。源体积内外的顶点都会变形，默认为关。

3）衰减。决定 FFD 效果减为 0 时离晶格的距离，仅在"所有顶点"状态下可设置。

（4）张力 / 连续性

调整变形样条线的张力和连续性。晶格和控制点代表着控制样条线的结构。

（5）选择

全部 X、全部 Y、全部 Z。选中沿这些轴指定的局部维度的所有控制点，可以选一个方向的维度，也可以同时选中两个及以上方向的维度。

（6）控制点

1）重置。将所有控制点恢复到初始位置。

2）全部动画。设置控制器动画时，使控制点在轨迹视图中可见。

（7）与图形一致

在对象中心控制点位置之间沿直线方向来延长线条，可以将每一个 FFD 控制点移到修改对象的交叉点上。

（8）内部点

勾选该复选框，可以仅控制受"与图形一致"影响的对象内部的点。

（9）外部点

勾选该复选框，可以仅控制受"与图形一致"影响的对象外部的点。

（10）偏移

控制点偏移对象曲面的距离。

二、"锥化"修改器

1."锥化"修改器的作用

"锥化"修改器可以使对象的一侧产生一个均匀缩小（或放大）的变量。

2."锥化"修改器的常用参数

"锥化"修改器的"参数"卷展栏如图3-4-4所示。

（1）锥化

1）数量。扩大或缩小的比例，数值范围为 $-10 \sim 10$，正值表示沿锥化轴方向扩大，负值表示沿锥化轴方向缩小。

2）曲线。改变锥化轴方向的缩放因子，数值范围为 $-10 \sim 10$。

（2）锥化轴

1）主轴。锥化的中心轴或中心线 X/Y/Z，默认为 Z。

2）效果。选择选定主轴的切线方向的变化效果是一维还是二维。可以选除主轴外两轴的任意一个或它们的合集。如果主轴为 X，"效果"可选 Y、Z 或 YZ，默认设置为 XY。

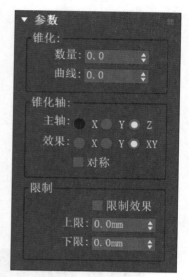

图3-4-4 "锥化"修改器的"参数"卷展栏

3）对称。勾选该复选框后，主轴的正、负方向锥化效果对称。

（3）限制

1）限制效果。勾选该复选框，可以限制锥化效果，默认为不限制。

2）上限。沿着"锥化轴"限制锥化效果的最大边界。

3）下限。沿着"锥化轴"限制锥化效果的最小边界。

三、"镜像"修改器

1."镜像"修改器的作用

"镜像"修改器与菜单栏的"镜像"命令类似，可以将对象沿着特定方向镜像。

2."镜像"修改器的常用参数

"镜像"修改器的"参数"卷展栏如图3-4-5所示。

（1）镜像轴。指定镜像轴方向，可选 X、Y、Z、XY、YZ、ZX。

（2）偏移。镜像的对象和原对象中心之间的距离。

（3）复制。勾选该复选框，可以保留原对象，默认为不

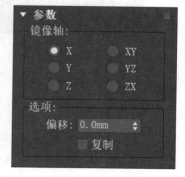

图3-4-5 "镜像"修改器的"参数"卷展栏

勾选。

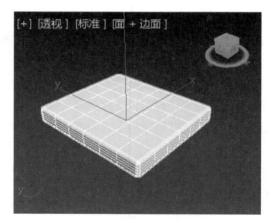

任务实施

一、建立文件

打开软件，执行"文件"→"保存"命令，建立名为"3_4 木椅 .max"的文件；检查文件，确定单位设置为毫米。

二、制作椅子垫

1.执行"创建"→"几何体"→"扩展基本体"→"切角长方体"命令，在顶视图中绘制长方体，设置参数：长度 =400 mm、宽度 =350 mm、高度 =50 mm、圆角 =8 mm、长度分段 = 宽度分段 =6、高度分段 =4、圆角分段 =3，参数设置及效果如图 3-4-6 所示。

图 3-4-6 绘制长方体

2.打开"修改"面板，在修改器列表中为长方体加载"FFD 3×3×3"修改器，参数均为默认值，切换到"FFD"修改器的"控制点"子集，在前视图中框选上表面的 9 个控制点后，用缩放工具在透视图中缩放 XY 平面至如图 3-4-7 所示状态。

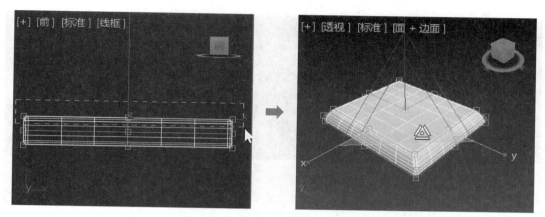

图 3-4-7　加载"FFD 3×3×3"修改器并缩放

🦋 **小贴士**

为了便于后续对齐操作，应在底部状态栏中将椅子垫的绝对坐标改为 $X=Y=Z=0$。

三、制作椅子前腿

1. 执行"创建"→"几何体"→"标准基本体"→"长方体"命令，在顶视图中绘制长方体，参数设置：长度=380 mm、宽度=30 mm、高度=-10 mm，设置绝对坐标 $X=$ -150 mm、$Y=Z=0$，"Box001"的参数设置及透视图效果如图 3-4-8 所示。

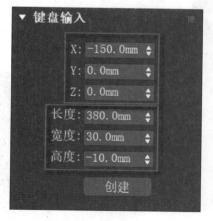

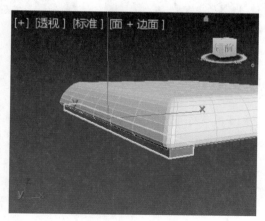

图 3-4-8　绘制长方体

2. 如图 3-4-9 所示，在选中"Box001"的状态下，按住"Shift"键拖动 X 轴，移动复制出"Box002"，在右侧"修改"面板中将其参数改为：长度=30 mm、宽度=330 mm，在底部状态栏中将其绝对坐标改为 $X=Z=0$、$Y=-175$ mm。

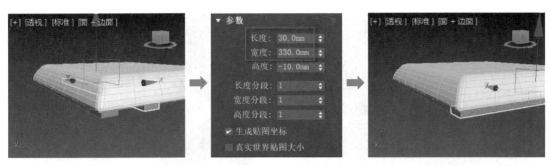

图 3-4-9　移动复制

3.用上一步的方法复制出"Box003"，参数改为：长度 = 宽度 =30 mm、高度 =
-300 mm、高度分段 =10，设置绝对坐标 X=-150、Y=-175、Z=0，参数设置及效果如
图 3-4-10 所示。

图 3-4-10　移动复制

🦋 小贴士

也可用"对齐"命令确定"Box003"的位置，对齐目标为
"Box002"依次选择"X 位置""Y 位置"→"当前对象：最
小"→"目标对象：最小"→"应用"→"Z 位置"→"当前
对象：最大"→"目标对象：最大"→"确定"。

4.为"Box003"加载"锥化"修改器，在"参数"卷
展栏中设置：数量 =1.2、曲线 =-0.35、锥化轴主轴 =Z、
锥化轴效果 =XY，如图 3-4-11 所示；切换到"锥化"修
改器的"中心"子集，在前视图中将中心点向下移动至
适当位置，再在顶视图中移动至适当位置（参考位置 X=
-190 mm、Y=-215 mm、Z=-150 mm），如 图 3-4-12
所示。

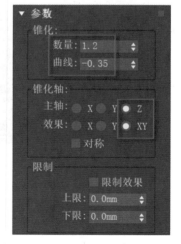

图 3-4-11　加载"锥
化"修改器

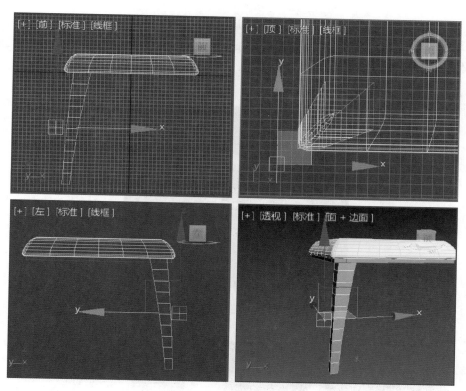

图 3-4-12　椅腿位置

　　5. 复选"Box002"和"Box003"，为两者加载"镜像"修改器，参数设置：镜像轴 =
Y、偏移 =330 mm、勾选"复制"复选框，参数设置及效果如图 3-4-13 所示。

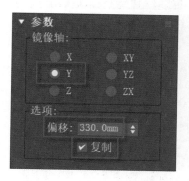
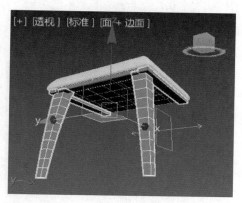

图 3-4-13　加载"镜像"修改器

 小贴士

　　选择一个多边形后按住"Ctrl"键点选其他多边形，可实现多个多边形的选择。

6. 选中"Box001"和"Box002"，用移动复制的方法复制出如图 3-4-14 所示的椅腿横梁长方体框。如图 3-4-15 所示，将"Box004"的参数改为长度 =370 mm、宽度 = 20 mm，将"Box005"的参数改为长度 =20 mm、宽度 =320 mm。

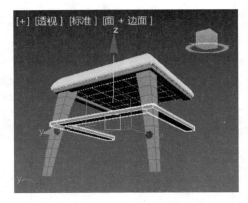

图 3-4-14　移动复制

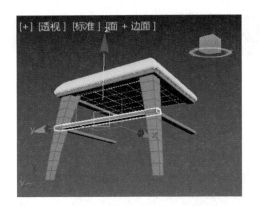

a）Box004

b）Box005

图 3-4-15　修改"Box004"和"Box005"的参数

四、制作椅子靠背

1. 选中"Box001",移动复制出三个长方体,如图3-4-16所示;然后将复制出的"Box007"的参数改为长度=30 mm、宽度=10 mm、高度=-600 mm、高度分段=20;"Box008"的参数改为长度=380 mm、宽度=20 mm、高度=-30 mm,参数设置及效果如图3-4-17所示。

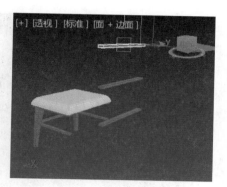

图3-4-16 移动复制

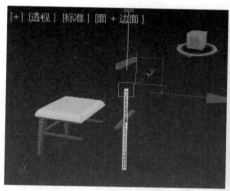

a）Box007

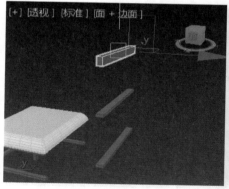

b）Box008

图3-4-17 修改"Box007"和"Box008"的参数

2. 对齐三者,为了便于观察将其改为粉色,将"Box007"移动复制出两个副本,效果如图3-4-18所示;将"Box009"参数改为长度=10 mm;"Box010"参数改为宽度=20 mm、高度=-1 000 mm、高度分段=30,参数设置及透视图效果如图3-4-19所示。

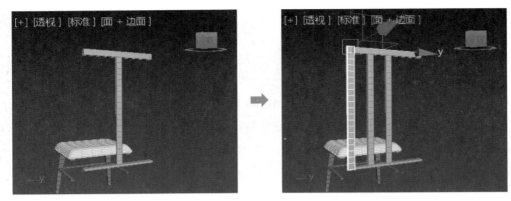

图 3-4-18　移动复制

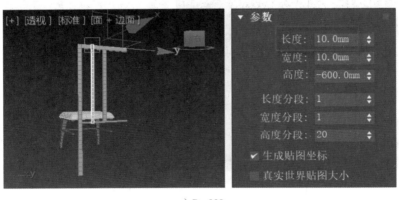

a）Box009

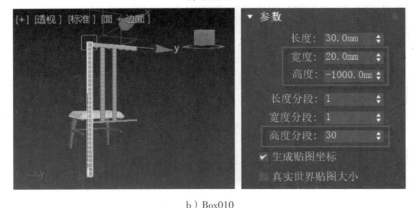

b）Box010

图 3-4-19　修改"Box009"和"Box010"的参数

3. 为"Box009"加载"镜像"修改器，设置参数：镜像轴 =Y、偏移 =150 mm、勾选"复制"复选框；为"Box010"加载"镜像"修改器，设置参数：镜像轴 =Y、偏移 =350 mm、勾选"复制"复选框，参数设置及右视图效果如图 3-4-20 所示。

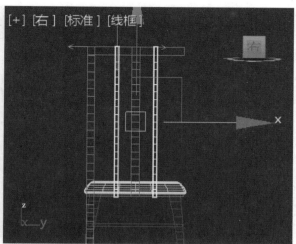

a）Box009

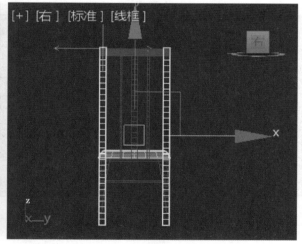

b）Box010

图 3-4-20　加载"镜像"修改器

4. 将"Box006""Box007""Box008""Box009""Box010"7 个长方体群组，命名为"组 001 椅靠背"，与之前制作好的结构对齐后为其加载"FFD（长方体）"修改器，在"参数"卷展栏中设置点数为 4×5×9，其余为默认值，参数设置及效果如图 3-4-21 所示。

5. 切换到"FFD"修改器的"控制点"子集，在前视图中移动控制点至如图 3-4-22 所示位置，在右视图中缩放控制点至如图 3-4-23 所示位置，椅子的最终效果如图 3-4-24，改色后的效果如图 3-4-1 所示。

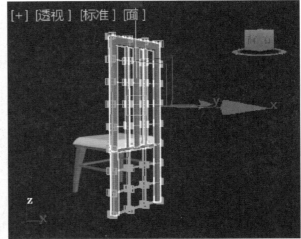

图 3-4-21　加载 "FFD（长方体）"修改器

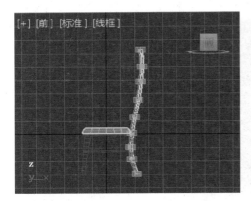
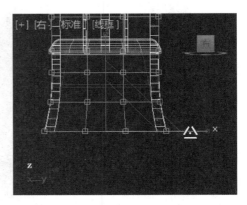

图 3-4-22　前视图　　　　　　　图 3-4-23　右视图

图 3-4-24　整体透视效果

五、保存、导出模型

保存"3_4 木椅 .max"文件，导出"3_4 木椅 .STL"文件，为打印做准备。

 思考与练习

1."FFD"修改器和"锥化"修改器的区别是什么？

2.制作如图 3-4-25 所示的现代花瓶。

图 3-4-25　现代花瓶

任务 5　制作冰激凌

 学习目标

1.掌握"置换""噪波""融化"和"倒角剖面"修改器的作用。

2.能为对象加载"置换"修改器，并利用"置换"修改器设计浮雕类模型。

3.能为对象加载"噪波"修改器，并利用"噪波"修改器设计凸凹效果。

4.能为对象加载"融化"修改器，并利用"融化"修改器改变模型形状使其更加逼真。

5.能为对象加载"倒角剖面"修改器，并利用"倒角剖面"修改器创建统一横截面框架模型。

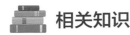 任务引入

本任务要求完成如图 3-5-1 所示冰激凌的设计。冰激凌由融化的冰激凌球和带 LOGO 的冰激凌碗两部分组成，在造型设计时会用到"噪波""融化"和"置换"修改器。通过本任务的学习，可掌握"置换"修改器、"噪波"修改器和"融化"修改器的使用方法，以及浮雕效果的制作方法。

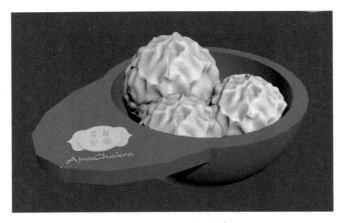

图 3-5-1　冰激凌

相关知识

一、"置换"修改器

1. "置换"修改器的作用

"置换"修改器能够以力场的形式来推动和重塑对象的几何外形，可以直接从修改器的 Gizmo（也可以使用位图）来应用它的变量力。

2. "置换"修改器的常用参数

"置换"修改器的"参数"卷展栏如图 3-5-2 所示。

（1）置换

1）强度。置换的强度，数值为 0 时没有任何效果，负值为凸起，正值为凹陷。

2）衰退。如果设置"衰退"数值，则置换强度会随距离的变化而衰减。

3）亮度中心。决定使用何种灰度作为 0 置换值。勾选该复选框后，可以设置下面的"居中"数值。

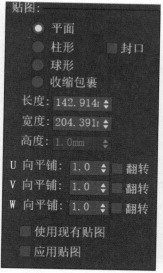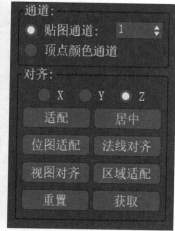

图 3-5-2 "置换"修改器的"参数"卷展栏

（2）图像

1）位图、贴图。从弹出的对话框中加载指定位图或贴图。

2）移除位图、移除贴图。移除指定的位图或贴图。

3）模糊。模糊或柔化位图的置换效果。

（3）贴图

1）平面。从单独的平面对贴图进行投影。

2）柱形。以环绕在圆柱体上的方式对贴图进行投影。勾选"封口"复选框可以从圆柱体的末端投影贴图副本。

3）球形。从球体出发对贴图进行投影，球体的顶部和底部（位图边缘）在球体两极的交汇处均可为起点。

4）收缩包裹。从球体投影贴图，与"球形"类似，但是它会截去贴图的各个角，然后在一个单独的极点将它们全部结合在一起，并在底部创建一个起点。

5）长度、宽度、高度。"置换"修改器 Gizmo 的边界框尺寸，其中高度对"平面"贴图没有任何影响。

6）U 向平铺、V 向平铺、W 向平铺。位图沿指定方向重复的次数。

7）翻转。沿相应的 U、V 或 W 轴反转贴图的方向。

8）使用现有贴图。勾选该复选框，可以让"置换"使用堆栈中较早的贴图设置，如果没有为对象应用贴图，该功能将不起任何作用。

9）应用贴图。勾选该复选框，可以将置换 UV 贴图应用到绑定对象。

（4）通道

1）贴图通道。指定 *UVW* 通道用来贴图，数值框用来设置通道的数目。

2）顶点颜色通道。对贴图使用顶点颜色通道。

（5）对齐

1）*X*、*Y*、*Z*。对齐的方式，可以选择沿 *X*、*Y*、*Z* 轴进行对齐。

2）适配。缩放 Gizmo 以适配对象的边界框。

3）居中。相对于对象的中心来调整 Gizmo 的中心。

4）位图适配。单击该按钮可以弹出"选择图像"对话框，可以缩放 Gizmo 来适配选定位图的纵横比。

5）法线对齐。启用拾取模式可以选择曲面，Gizmo 对齐于该曲面的法线。

6）视图对齐。使 Gizmo 指向视图的方向。

7）区域适配。启用拾取模式可以拖动两个点，缩放 Gizmo 以适配指定区域。

8）重置。将 Gizmo 恢复到默认值。

9）获取。启用拾取模式选择另一个对象并获得它的置换 Gizmo 设置。

二、"噪波"修改器

1."噪波"修改器的作用

"噪波"修改器是可以使对象表面凸起、破碎的工具，可以应用在任何类型的对象上。

2."噪波"修改器的常用参数

"噪波"修改器的"参数"卷展栏如图 3-5-3 所示。

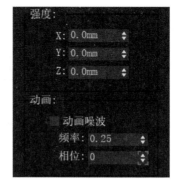

图 3-5-3 "噪波"修改器的"参数"卷展栏

（1）种子。从设置的数值中生成一个随机起始点。该参数在创建地形时非常有用，因为每种设置都可以生成不同的效果。

（2）比例。噪波影响的大小（不是强度）。较大的值可以产生平滑的噪波，较小的值可以产生锯齿现象非常严重的噪波。

（3）分形。控制是否产生分形效果。勾选该复选框后，下面的"粗糙度"和"迭代次数"数值才可以设置，默认设置为禁用。

（4）粗糙度。决定分形变化的程度。

（5）迭代次数。控制分形功能所使用的迭代数目。

（6）强度 X/Y/Z。设置噪波在 X/Y/Z 坐标轴上的强度（至少为其中一个坐标轴输入强度数值）。

三、"融化"修改器

1．"融化"修改器的作用

"融化"修改器可以将实际融化效果应用到对象上，包括可编辑面片和 NURBS 对象，同样也包括传递到堆栈的子对象选择。选项包括边的下沉、融化时的扩散以及可自定义的物质集合。

2．"融化"修改器的常用参数

"融化"修改器的"参数"卷展栏如图 3-5-4 所示。

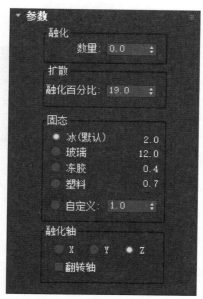

图 3-5-4 "融化"修改器的
"参数"卷展栏

（1）数量。指定衰退程度，或者应用于 Gizmo 上的融化效果，从而影响对象，范围为 0～1 000。

（2）融化百分比。指融化对象的扩散百分比。

（3）固态。决定融化对象中心的相对高度。固态值稍低的物质（如冻胶）在融化时中心下陷得较多。该组为物质的不同类型提供多个预设值，同时也包括"自定义"微调器，可以设置用户自己的固态值。

1）冰（默认）。默认固态设置。

2）玻璃。使用高固态值来模拟玻璃。

3）冻胶。产生在中心处显著下垂的效果。

4）塑料。产生在中心处稍微下垂的效果。

5）自定义。将固态值设置为 0.2～30 间的任何值。

（4）融化轴。产生融化效果的轴（对象的局部轴 X/Y/Z）。

（5）翻转轴。通常，融化沿着指定轴从正向向负向发生，勾选该复选框可以反转方向。

四、"倒角剖面"修改器

1."倒角剖面"修改器的作用

"倒角剖面"修改器也是一种用二维样条线来生成三维实体的重要工具。在使用"倒角剖面"修改器之前，必须先创建一个类似路径的样条线和一个截面样条线。

2."倒角剖面"修改器的常用参数

"倒角剖面"修改器的"参数"卷展栏包括"经典"和"改进"两个模式，当选择"经典"模式时，卷展栏默认状态如图 3-5-5 所示。为样条线加载"倒角剖面"修改器后，选择"拾取剖面"命令添加截面样条线。

图 3-5-5　"倒角剖面"修改器的"参数"卷展栏

📖 任务实施

一、建立文件

打开软件，执行"文件"→"保存"命令，建立名为"3_5 冰激凌 .max"的文件；检查文件，确定单位设置为毫米。

二、制作融化的冰激凌球

1. 在顶视图中绘制一球体，设置参数为半径 =35 mm、分段 =60，如图 3-5-6 所示。

2. 为球体加载"噪波"修改器，在"参数"卷展栏下设置：种子 =4、比例 =6、强度 $X=Y=Z=10$ mm，参数和模型效果如图 3-5-7 所示。

3. 继续加载"网格平滑"修改器，在"细分方法"卷展栏下设置：细分方法 =NURMS、迭代次数 =1、平滑度 =1，参数和模型效果如图 3-5-8 所示。

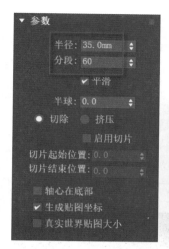

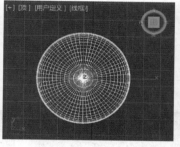

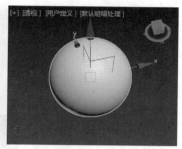

图 3-5-6　绘制球体

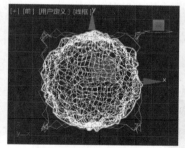

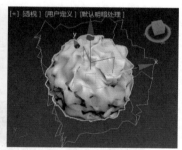

图 3-5-7　加载"噪波"修改器

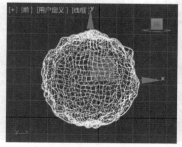

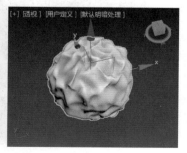

图 3-5-8　加载"网格平滑"修改器

4. 继续加载"融化"修改器，在"参数"卷展栏下设置：数量 =37、融化百分比 =19、固态 = 冰（默认），参数和模型效果如图 3-5-9 所示。

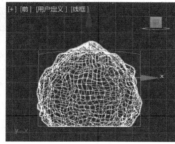
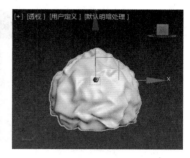

图 3-5-9　加载"融化"修改器

三、制作冰激凌碗

1. 隐藏冰激凌球，在顶视图中绘制一球体"Sphere002"，参数为半径 =75 mm、分段 =32、半球 =0.5，参数和模型效果如图 3-5-10 所示。

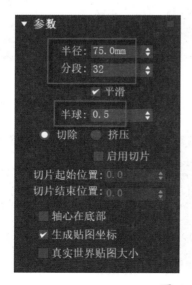
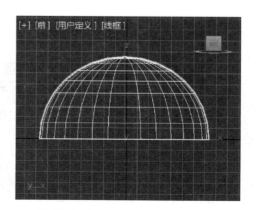

图 3-5-10　绘制半球

2. 如图 3-5-11 所示，将半球旋转 180°，用按住"Shift"键拖动的方法复制出"Sphere003"，然后将"Sphere003"的参数改为半径 =55 mm，并与半球"Sphere002"上表面中心对齐，参数设置及效果如图 3-5-12 所示。

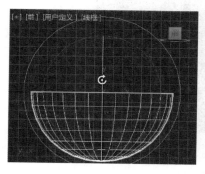
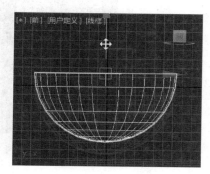

图 3-5-11　复制半球

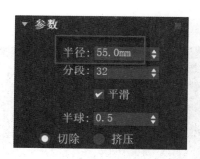
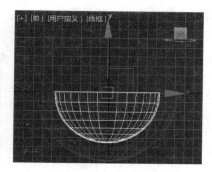

图 3-5-12　修改参数并对齐

3. 如图 3-5-13 所示，在顶视图中绘制一圆柱体，参数为半径 =100 mm、高度 =10 mm，然后将其与半球"Sphere002"上表面右端对齐，效果如图 3-5-14 所示。

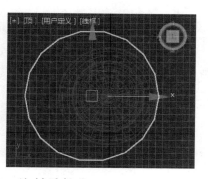

图 3-5-13　绘制圆柱体

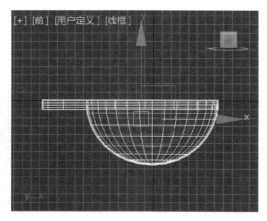

图 3-5-14　对齐

4.切换到缩放状态，右击"选择并缩放"按钮 ![button]，在弹出的"缩放变换输入"对话框中设置 $Y=60$，参数设置及效果如图 3-5-15 所示。

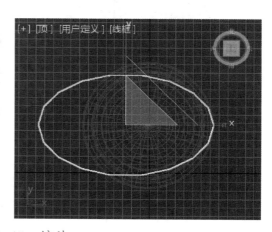

图 3-5-15　缩放

5.保持对圆柱体的选中状态，执行"创建"→"几何体"→"复合对象"→"ProBoolean"命令，在"参数"卷展栏中设置：运算 = 并集，在"拾取布尔对象"卷展栏中单击"开始拾取"按钮，然后在视图中拾取大半球"Sphere002"；接着在"参数"卷展栏中更改参数：运算 = 差集，然后在视图中拾取小半球"Sphere003"，运算过程如图 3-5-16 所示，超级布尔运算明细及结果如图 3-5-17 所示。

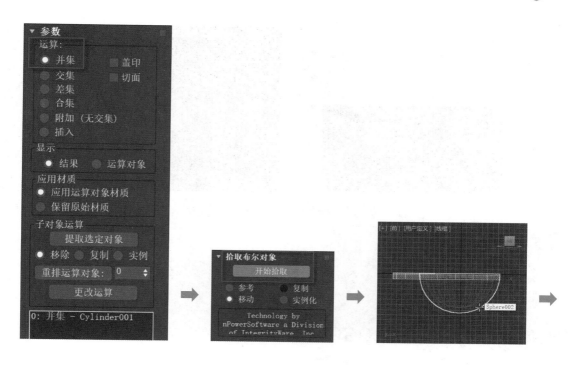

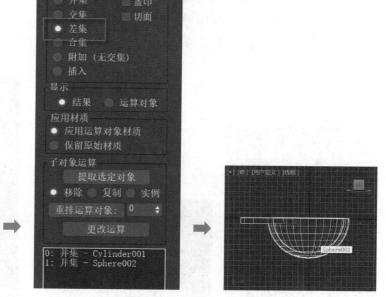

图 3-5-16 超级布尔运算过程

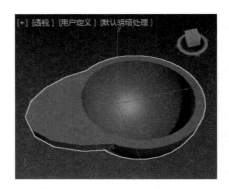

```
0：并集 - Cylinder001
1：并集 - Sphere002
2：差集 - Sphere003
```

图 3-5-17　超级布尔运算明细及结果

🦋 小贴士

"超级布尔（ProBoolean）"命令是 2018 版 3ds Max 的新增命令，此步用传统的"布尔"命令也能得到同样的结果。

四、制作冰激凌碗的 LOGO

1. 执行"创建"→"几何体"→"标准基本体"→"平面"命令，在顶视图中绘制平面，设置平面参数：长度 =41.5 mm、宽度 =48.2 mm、长度分段 = 宽度分段 =1 000，如图 3-5-18 所示。

2. 为平面加载"置换"修改器，在"参数"卷展栏中设置：置换强度 =-0.8 mm，单击位图"无"，如图 3-5-19 所示。在弹出的如图 3-5-20 所示的"选择置换图像"对话框中打开"项目三＼任务 5＼青籽世家 .png"LOGO 图片，最终效果如图 3-5-21 所示。

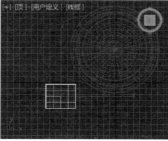

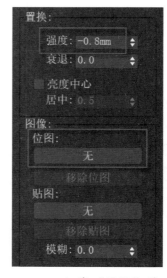

图 3-5-18　绘制平面　　　　　图 3-5-19　加载"置换"修改器

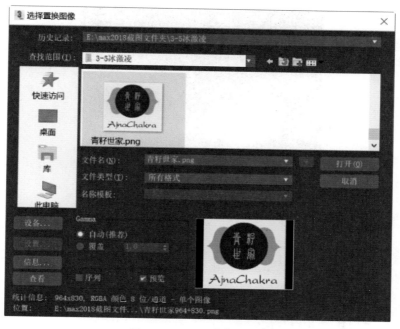

图 3-5-20　选择图片

图 3-5-21　最终效果

 小贴士

用"置换"修改器设计浮雕效果时，要根据图片的长宽比设置所创建平面的长宽比。另外，平面的长度分段和宽度分段越大，图案的还原度越好（最大值是 1 000）。

3. 旋转并移动 LOGO 平面，将其放置在冰激凌碗的适当位置，效果如图 3-5-22 所示。

图 3-5-22　摆放 LOGO 平面

4. 在视图中右击，在弹出的菜单中选择"全部取消隐藏"，用按住"Shift"键拖动的方法复制出另外两个冰激凌球，将冰激凌球和冰激凌碗摆放好，效果如图 3-5-1 所示。

五、保存、导出模型

保存"3_5 冰激凌 .max"文件，导出"3_5 冰激凌 .STL"文件，为打印做准备；也可单独打印冰激凌球和冰激凌碗，但在导出 STL 格式文件前要注意框选部分模型，并在弹出的"导出 STL 文件"对话框中勾选"仅选定"复选框。

📖 思考与练习

1. 将资源包"项目三 \ 任务 5\ 思考与练习"中的图片"3_5_1 浮雕画兰花 .png"和"3_5_2 浮雕字 .png"制作成浮雕，如图 3-5-23 所示。

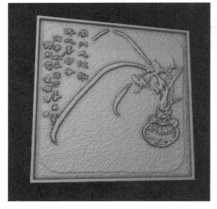
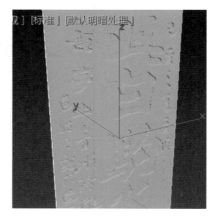

图 3-5-23　浮雕

2. 将资源包"项目三 \ 任务 5\ 思考与练习"中的图片"3_5_3 仿古印章 .png"制作成印章，效果如图 3-5-24 所示。

图 3-5-24　印章

高级建模

任务 1　制作水龙头

 学习目标

1. 掌握转换多边形对象的方法。
2. 熟练掌握"编辑多边形"中"挤出""倒角"和"插入"命令的使用方法。
3. 熟练掌握"编辑边"中"切角"命令的使用方法。
4. 能用生成"可编辑多边形"的方式创建规则的三维模型。

 任务引入

本任务要求完成如图 4-1-1 所示水龙头的设计。水龙头由水龙头主体、阀芯和手柄三部分组成，在造型设计的过程中需要对多边形对象进行转换和编辑，同时涉及挤压等操作。通过本任务的学习，能够掌握生成多边形对象的基本方法以及多边形建模中常用的对"边"和"面"的编辑方法。

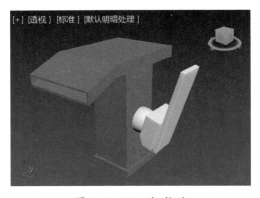

图 4-1-1　水龙头

相关知识

一、多边形建模

多边形建模是 3ds Max 高级建模中的一种，使用多边形建模可以进入对象的"顶点""边""边界""多边形"和"元素"子级别下对其进行编辑。多边形物体不是创建出来的，而是塌陷出来的。将对象塌陷为多边形的方法主要有以下 3 种。

1. 右击要塌陷的对象，选择"转换为:"→"转换为可编辑多边形"，如图 4-1-2 所示。

2. 在对象的"修改"面板中，右击"修改器列表"下面的对象名称并选择"可编辑多边形"，如图 4-1-3 所示。

3. 选中对象，在"修改器列表"中加载"编辑多边形"修改器，如图 4-1-4 所示。

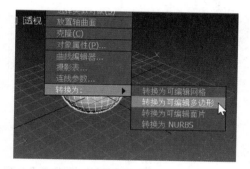

图 4-1-2　在视图中转换

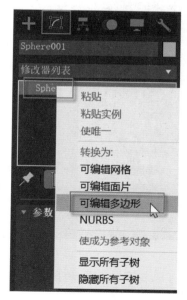

图 4-1-3　在修改器堆栈中转换

图 4-1-4　加载修改器

二、编辑多边形对象

1."编辑多边形"修改器与"可编辑多边形"之间的区别

"编辑多边形"是一个修改器，具有修改器的所有属性，可以在修改器堆栈中调整"编辑多边形"修改器和其他修改器的顺序以及灵活切换启用/禁用状态，还可以修改基本体的原始参数。"编辑多边形"修改器的操作模式分为模型和动画两种，可在"编辑修改器模式"卷展栏中切换。

转换为"可编辑多边形"为塌陷方式，塌陷后基础模型的原始参数不可以修改，这种方式可以节约系统资源。"可编辑多边形"比"编辑多边形"修改器增加了"细分曲面"和"细分置换"卷展栏。如图 4-1-5a 所示为加载"编辑多边形"修改器后的修改器堆栈和各卷展栏，图 4-1-5b 所示为转换为"可编辑多边形"后的修改器堆栈和各卷展栏。

a）"编辑多边形"修改器   b）转换为"可编辑多边形"

图 4-1-5 "编辑多边形"和"可编辑多边形"的区别

2.子物体层级

多边形建模主要是对子物体层级的项目进行编辑，子物体层级在修改器堆栈中可以查看，分为"顶点""边""边界""多边形"和"元素"。

（1）顶点。顶点是位于相应位置的点，它们用于定义构成多边形对象的其他子对象的结构。当移动或编辑顶点时，它们构成的几何体也会受影响。顶点也可以独立存在，这些孤立顶点可以用来构建其他几何体，但在渲染时，它们是不可见的。当定义为"顶点"子集时，可以选择单个或多个顶点，并且使用标准方法移动它们。

（2）边。边是连接两个顶点的直线，它可以形成多边形的边。边不能由两个及以上多边形共享，若由两个多边形共享，则两个多边形的法线应相邻，如果不相邻，应卷起共享顶点的两条边。当定义为"边"子集时，可以选择一条或多条边，然后使用标准方法变换。

（3）边界。边界是网格的线性部分，通常可以描述为孔洞的边缘，它通常是多边形仅位于一面时的边序列。

（4）多边形。多边形是通过曲面连接的3条或多条边的封闭序列，提供"编辑多边形"对象的可渲染曲面。当定义为"多边形"子集时，可选择单个或多个多边形，然后使用标准方法变换。

（5）元素。元素是单个网格对象。

三、"编辑多边形"和"可编辑多边形"的共有参数卷展栏

在选择了不同的子物体层级后，"可编辑多边形"的参数设置面板也会发生相应的变化，"编辑多边形"和"可编辑多边形"的共有参数卷展栏为"选择"卷展栏、"软选择"卷展栏和"编辑几何体"卷展栏，如图 4-1-6 所示。

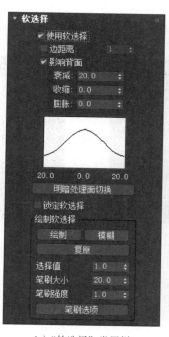

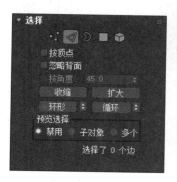

a）"选择"卷展栏　　　　　　b）"软选择"卷展栏　　　　　　c）"编辑几何体"卷展栏

图 4-1-6　共有参数卷展栏

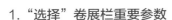

1. "选择"卷展栏重要参数

（1）顶点 :::。用于访问"顶点"子对象层级。

（2）边 ◁。用于访问"边"子对象层级。

（3）边界 ☑。用于访问"边界"子对象层级，可从中选择构成网格中孔洞边框的一系列边。边界总是由仅在一侧有面的边组成，并均为完整循环。

（4）多边形 ▣。用于访问"多边形"子对象层级。

（5）元素 ⬙。用于访问"元素"子对象层级，可从中选择对象中的所有连续多边形。

 小贴士

多边形子集可以在修改器堆栈的树形结构中点选子集名称进行切换；也可以在"选择"卷展栏中点选图标进行切换；还可以用键盘上的数字进行切换，1对应"顶点"，2对应"边"，3对应"边界"，4对应"多边形"，5对应"元素"。

（6）按顶点。该选项可以在除"顶点"级别外的其他4个级别中使用。勾选该复选框后，只有选择所用的顶点才能选择子对象。

（7）忽略背面。勾选该复选框后，只能选中法线指向当前视图的子对象，也就是框选目标时只能选中当前可见的目标。

（8）收缩。每单击一次该按钮，可将当前选择对象的范围向内减小一圈，如图4-1-7所示。

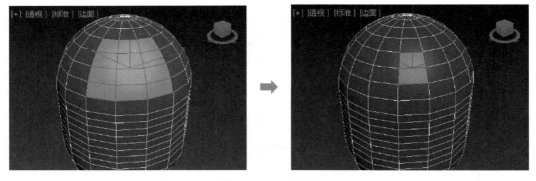

图 4-1-7　收缩

（9）扩大。与"收缩"相反，每单击一次该按钮，可将当前选择对象的范围向外增加一圈。各子集状态的"扩大"效果见表4-1-1。

▼ 表 4-1-1 各子集状态的"扩大"效果

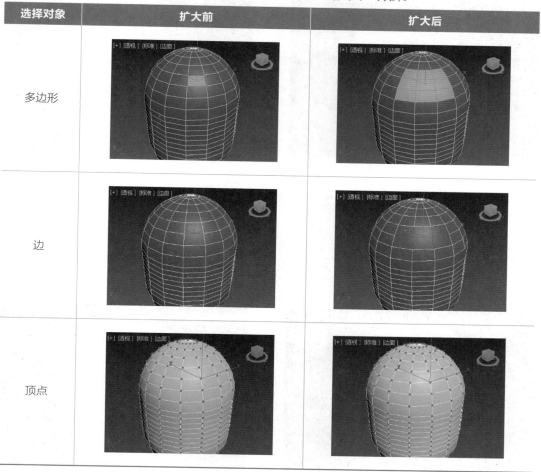

选择对象	扩大前	扩大后
多边形		
边		
顶点		

（10）环形。该工具只能在"边"和"边界"子集下使用。选中对象后，单击该按钮，可自动选择平行于当前对象的其他对象，如图 4-1-8 所示。

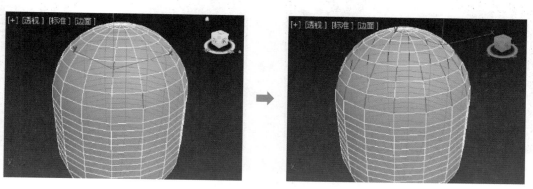

a）选择对象为竖列时

175

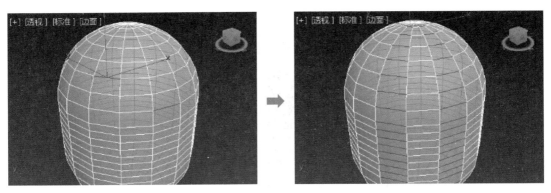

b）选择对象为横行时

图 4-1-8　环形

（11）循环。该工具同样只能在"边"和"边界"子集下使用。选中对象后，单击该按钮，可自动选择与当前对象在同一曲线上的其他对象，如图 4-1-9 所示。

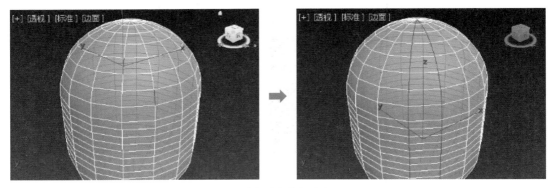

a）选择对象为竖列时

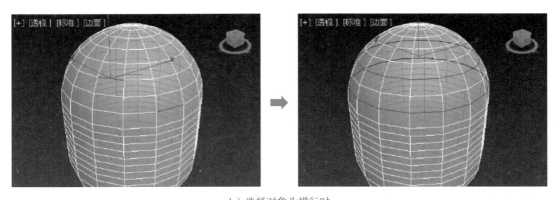

b）选择对象为横行时

图 4-1-9　循环

2."软选择"卷展栏重要参数

（1）使用软选择。控制是否开启"软选择"功能。"软选择"以选中的子对象为中心向四周扩散，以放射状方式选择子对象。在对选择的部分子对象进行变换时，可以让子对象以平滑的方式进行过渡。

（2）影响背面。勾选该复选框后，那些与选定对象法线方向相反的子对象也会受到相同的影响。

（3）衰减。用以定义影响区域的范围，默认值为 20 mm。"衰减"数值越高，软选择的范围越大。

（4）收缩。设置区域的相对突出度。

（5）膨胀。设置区域的相对丰满度。

3."编辑几何体"卷展栏重要参数

（1）创建。创建新的几何体。

（2）塌陷。用于访问"边"子对象级别。

（3）附加。使用该工具可以将场景中的其他对象加到选定的可编辑多边形中。

（4）分离。将选定的子对象作为单独的对象或元素分离出来。

（5）切割。可以在一个或多个多边形上创建出新的边。

（6）网格平滑。使选定的对象产生平滑效果。

（7）细化。增加局部密度，从而方便处理对象的细节。

（8）平面化。强制所有选定的子对象变为共面。

（9）视图对齐。使对象中的所有顶点与活动视图所在的平面对齐。

（10）栅格对齐。使选定对象中的所有顶点与活动视图所在的栅格平面对齐。

（11）删除孤立顶点。勾选该复选框后，选择连续子对象时会删除孤立顶点。

（12）完全交互。勾选该复选框后，如果更改数值，将直接在视图中显示最终的结果。

四、"多边形"子集下"编辑多边形"卷展栏的高频工具命令

1.挤出

可将多边形面拉出一个高度。如果要精确设置挤出的高度，可以单击右面的"设置"按钮 ▣，然后在视图中的"挤出多边形"对话框"高度" 中输入数值并单击"确定"按钮 ✓ 即可，高度为负值时多边形向物体内部凹陷。挤出类型如图 4-1-10 所示，分为"组""局部法线"和"按多边形"3 种，默认类型为"组"。选中如图 4-1-11 所示的多边形，按选择类型和高度正负值分类，"挤出"效果见表 4-1-2。

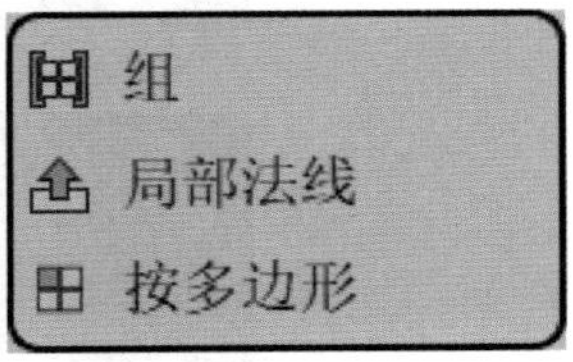

图 4-1-10　挤出类型

产品三维建模与造型设计（3ds Max）

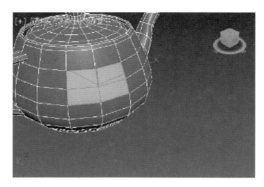

图 4-1-11　选中多边形

▼ 表 4-1-2　"挤出"效果

选择类型	高度值为正值	高度值为负值
组		
局部法线		
按多边形		

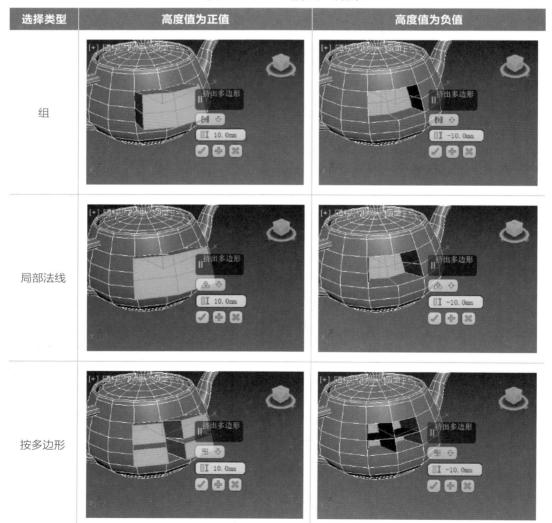

2. 倒角

可挤出多边形，同时对多边形进行倒角。单击右面的"设置"按钮，在弹出的对话框中可设置"高度"和"轮廓"参数，"高度"参数类型同"挤出"，"轮廓"值为负值时挤出面小于原面，如图 4-1-12a 所示；"轮廓"值为正值时挤出面大于原面，如图 4-1-12b 所示；"轮廓"值为 0 时效果同"挤出"。

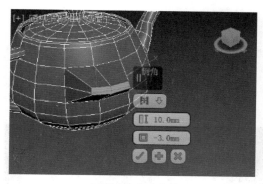
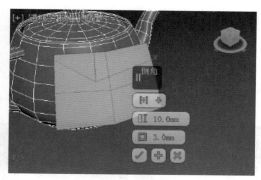

a)"轮廓"值为负值　　　　　　　　　　　b)"轮廓"值为正值

图 4-1-12　倒角

3. 插入

执行没有高度的倒角操作，即在选定多边形的平面内执行缩小面操作，可以单击右面的"设置"按钮，在弹出的对话框中设置"数量"值，该值最小为 0，如图 4-1-13所示。

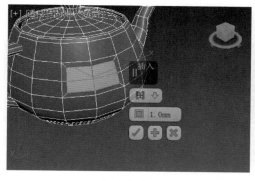
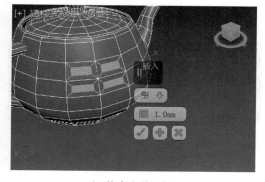

a)"组"类型　　　　　　　　　　　b)"按多边形"类型

图 4-1-13　插入

 小贴士

因为"插入"命令的"数量"值最小为 0，所以只能插入小于或等于原面大小的多边形。

如果需要插入大于原面大小的多边形，可以选择"倒角"命令，设置"高度"为 0、"轮廓"为正值（"组"或"局部法线"状态）。

五、"边"子集下"编辑边"卷展栏高频工具命令

1. 切角

可为多边形选定边（见图 4-1-14a）进行切角或圆角处理，从而生成平滑的棱角，如图 4-1-14 所示。

切角参数。"边切角量" 4.0mm 控制切角大小。"分段" 1 默认 1 时切得平面；大于 1 时切得圆弧面，并且数值越大圆弧越光滑。"打开切角" 使切角处不封闭，各参数效果如图 4-1-14 所示。

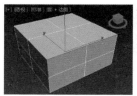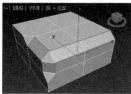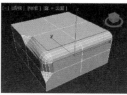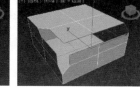

a）选定边　　　　b）切角分段为 1　　　　c）切角分段大于 1　　　　d）打开切角

图 4-1-14　切角

2. 连接

可以在每对选定边之间创建新边，可用于创建或细化边循环。例如，选择一对横向的边，则可以在竖向上生成新边（见图 4-1-15a）；选择多条边，则可以在多条边中都生成新边（见图 4-1-15b）。

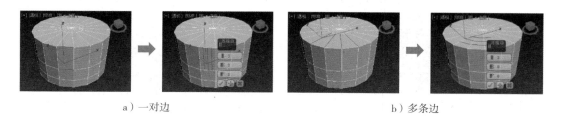

a）一对边　　　　　　　　　　　　　　b）多条边

图 4-1-15　连接

3. 利用所选内容创建新图形

可以将选定的边创建为样条线图形。选择边以后，单击"利用所选内容创建新图形"按钮，弹出"创建图形"对话框，生成图形有"平滑"和"线性"两种类型，如图 4-1-16 所示。

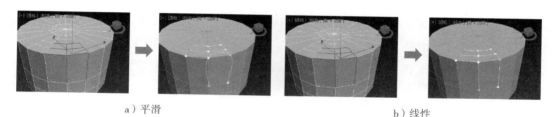

a）平滑   b）线性

图 4-1-16   利用所选内容创建新图形

任务实施

一、建立文件

打开软件，执行"文件"→"保存"命令，选择保存路径为"D:\3ds Max 2018\"，文件命名为"4_1 水龙头 .max"；检查文件，确定单位设置为毫米。

二、制作水龙头主体结构

1. 在右侧"创建"面板中选择"几何体"选项卡，选择"标准基本体"中的"长方体"，绘制如图 4-1-17 所示长方体，并设置长度 =90 mm、宽度 =90 mm、高度 =12 mm，右击退出。

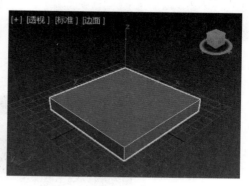

图 4-1-17   绘制长方体

2. 右击长方体，在弹出的菜单中选择"转换为可编辑多边形"。

3. 打开右侧"修改"面板，选择"可编辑多边形"层级下"多边形"子集，选中长方体上表面多边形，如图 4-1-18 所示；在"编辑多边形"卷展栏中单击"插入"右面的"设置"按钮▣，设置数量 =6 mm，如图 4-1-19 所示，单击"确定"按钮☑；接着单击"挤出"右面的"设置"按钮 ▣，设置高度 =210 mm，如图 4-1-20 所示，单击"确定"按钮 ✓；然后单击"倒角"右面的"设置"按钮 ▣，设置高度 =0、轮廓 =25 mm，如图 4-1-21 所示，单击"确定"按钮 ✓；最后单击"挤出"右面的"设置"按钮 ▣，设置高度 =20 mm，如图 4-1-22 所示，单击"确定"按钮 ✓ 完成挤出。

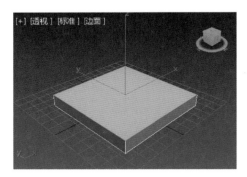

图 4-1-18　多边形

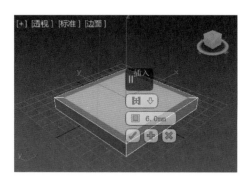

图 4-1-19　插入

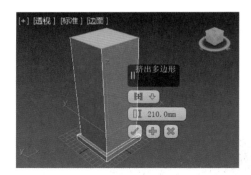

图 4-1-20　挤出

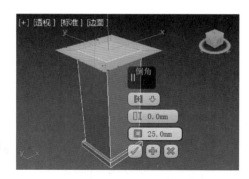

图 4-1-21　倒角

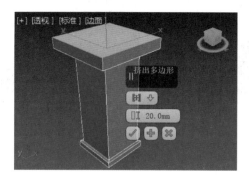

图 4-1-22　挤出

4. 保持"多边形"子集，选中右侧端面多边形，切换到线框左视图，执行"选择并移动"命令，将 X 轴向右移动一小段距离，如图 4-1-23 所示。保持多边形的选中状态，在"编辑多边形"卷展栏中单击"挤出"右面的"设置"按钮 ▣，设置高度 =60 mm，如图 4-1-24 所示，单击"确定"按钮 ☑；接着单击"插入"右面的"设置"按钮 ▣，设置数量 = 3 mm，如图 4-1-25 所示，单击"确定"按钮 ☑；继续单击"挤出"右面的"设置"按钮 ▣，设置高度 =-60 mm，如图 4-1-26 所示，单击"确定"按钮 ☑ 完成。

 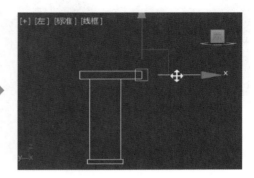

图 4-1-23　移动多边形面

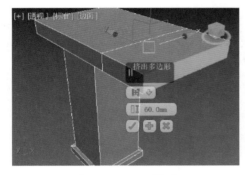　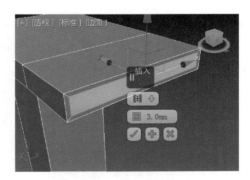

图 4-1-24　挤出　　　　　　　　　图 4-1-25　插入

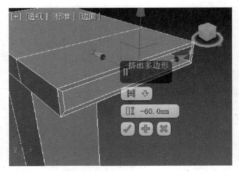

图 4-1-26　挤出

5. 框选如图 4-1-27 所示多边形，切换到线框左视图，执行"选择并移动"命令，将

Y 轴向下移动到适当位置。

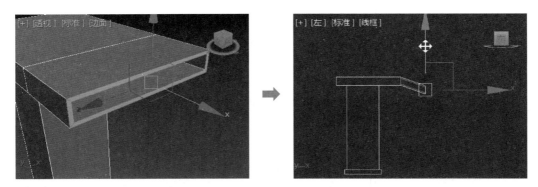

图 4-1-27　框选并移动多边形

三、制作水龙头阀芯

1. 在右侧命令面板中执行"创建"→"几何体"→"标准基本体"→"球体"命令，在右视图中绘制球体，如图 4-1-28 所示，设置半径 =25 mm、分段 =32、半球 =0.4。

2. 切换到前视图，用"缩放"工具向右拖动 X 轴，将半球拉长至适当大小，如图 4-1-29 所示。

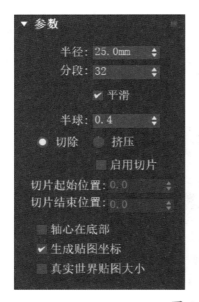

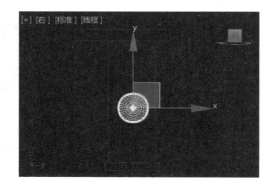

图 4-1-28　绘制球体

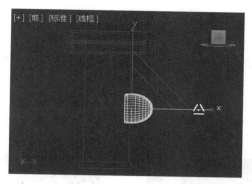

图 4-1-29　放大半球

四、制作水龙头手柄

1. 执行"创建"→"几何体"→"标准基本体"→"长方体"命令，在右视图中绘制长方体，如图 4-1-30 所示，设置长度 =65 mm、宽度 =65 mm、高度 =30 mm。切换到前视图，用"移动"工具拖动 X 轴并将其调整到适当位置，如图 4-1-31 所示。

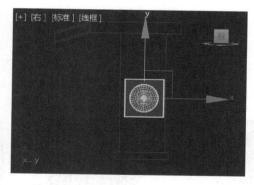

图 4-1-30　绘制长方体

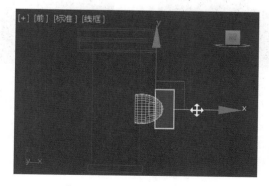

图 4-1-31　移动长方体

2. 在右侧"修改"面板中右击"Box（长方体）"，在弹出的菜单中选择"可编辑多边形"。

3. 选择"可编辑多边形"的"边"子集，选中如图 4-1-32 所示长方形的上、下两条边，在"编辑边"卷展栏中单击"连接"右面的"设置"按钮 ▣，设置分段 =2、收缩 =68、滑块 =0，单击"确定"按钮 ☑。

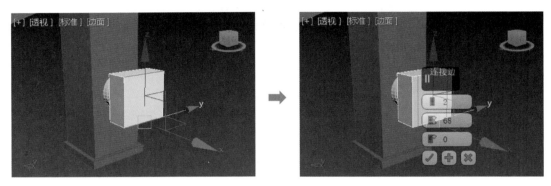

图 4-1-32　连接

4. 切换到"多边形"子集，选择如图 4-1-33 所示的多边形，在"编辑多边形"卷展栏中单击"挤出"右面的"设置"按钮 ▣，设置高度 =8 mm，单击"确定"按钮 ☑。

图 4-1-33　挤出

5. 保持"多边形"子集，选中如图 4-1-34 所示的多边形，在"编辑多边形"卷展栏中单击"挤出"右面的"设置"按钮 ▣，设置高度 =100 mm，单击"确定"按钮 ☑。

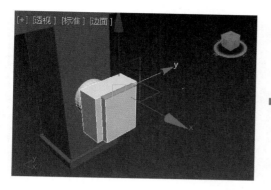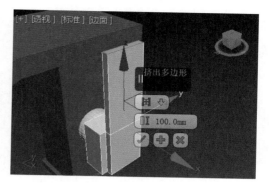

图 4-1-34 挤出

6. 为了便于观察手柄部分，右击手柄模型，在弹出的菜单中选择"孤立当前选择"，如图 4-1-35 所示。然后选择并挤出手柄下面的多边形，如图 4-1-36 所示，设置挤出高度 = 5 mm，单击"确定"按钮☑。

图 4-1-35 孤立当前选择

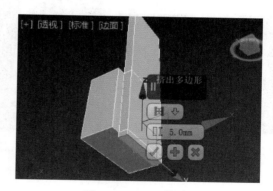

图 4-1-36 挤出

 小贴士

为突出显示当前模型，也可以右击模型，在弹出的菜单中选择如图 4-1-37 所示的"隐藏未选定对象"，以隐藏其他暂时不需要编辑的对象。

7. 切换到"边"子集，选中如图 4-1-38 所示底面的左、右两条边，在"编辑边"卷展栏中单击"连接"右面的"设置"按钮■，设置分段 =1，单击"确定"按钮☑。

图 4-1-37 隐藏未选定对象

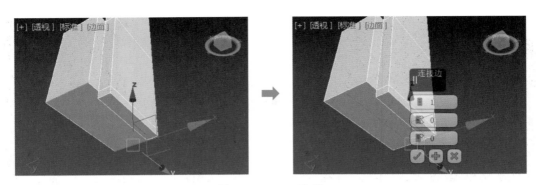

图 4-1-38　连　接

8. 保持"边"子集，选中增加出来的边，用"选择并移动"工具移动 X 轴到适当位置，如图 4-1-39 所示。再选中如图 4-1-40 所示的底角边，用"选择并移动"工具移动 Z 轴到适当位置。

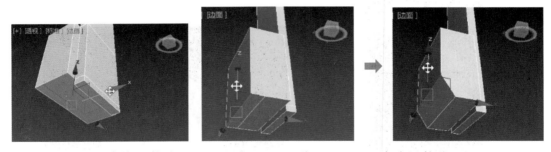

图 4-1-39　移动调整边　　　　　　　图 4-1-40　移动调整边

9. 如果想让手柄更逼真些，可以对棱角处进行倒角，使模型不那么锐利。选中如图 4-1-41 所示边，在"编辑边"卷展栏中单击"切角"右面的"设置"按钮 ■，设置边切角量 =0.5 mm、分段 =2，单击"确定"按钮 ✓。

图 4-1-41　切　角

10. 单击"孤立当前选择"按钮 🔲，使其为关闭状态 🔳，退出孤立状态后的模型效果如图 4-1-42 所示。用"选择并旋转"工具旋转开关 Z 轴，调整到如图 4-1-43 所示位置。

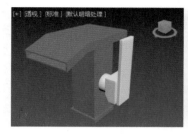
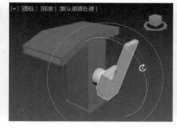
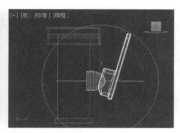

图 4-1-42　退出孤立　　　　　　　　图 4-1-43　调整开关角度

五、保存、导出模型

保存"4_1 水龙头 .max"文件，导出"4_1 水龙头 .STL"文件，为打印做准备。

思考与练习

用多边形建模的方法制作如图 4-1-44 所示的木质单人沙发框架。

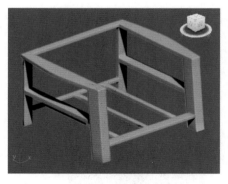

图 4-1-44　木质单人沙发框架

任务 2　制作香水瓶

 学习目标

1. 熟悉多边形建模中点、线"焊接"命令的使用。
2. 了解将两个多边形焊接成一个多边形的方法。
3. 掌握复杂外形结构模型的创建方法。

 任务引入

本任务要求完成如图 4-2-1 所示香水瓶的设计。香水瓶可分为瓶体和瓶嘴两个组成部分，在造型设计的过程中需要对多边形进行转换和编辑。通过本任务的学习，可掌握将多个多边形焊接成一个复杂外形结构模型的方法。

图 4-2-1　香水瓶

 相关知识

不同子层级的编辑菜单工具各不相同，如图 4-2-2 所示分别为"编辑顶点"卷展栏、"编辑边"卷展栏、"编辑边界"卷展栏、"编辑多边形"卷展栏和"编辑元素"卷展栏。

a）"编辑顶点"卷展栏

b）"编辑边"卷展栏

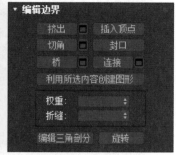

c）"编辑边界"卷展栏

d）"编辑多边形"卷展栏　　　　e）"编辑元素"卷展栏

图 4-2-2　子层级编辑卷展栏

一、"编辑顶点"卷展栏重要参数

在多边形建模中，常在"顶点"子集下用"选择并移动"和"选择并均匀缩放"工具修改顶点的位置来改变模型形状，但当点的数目需要变化时，就需要通过"编辑顶点"卷展栏中的工具进行改变。

1. 移除

单击该按钮或按"Backspace"键可以将选中的一个或多个顶点移除，并将使用它们的多边形接合在一起，如图 4-2-3 所示。

 小贴士

按"Delete"键可以删除选中的顶点，同时也会删除连接到这些顶点的面，删除效果如图 4-2-4 所示。

图 4-2-3　单击"移除"按钮移除

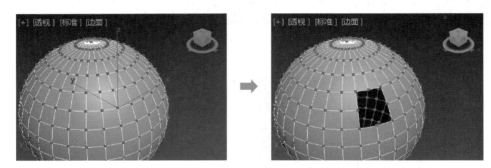

图 4-2-4　按"Delete"键删除

2. 断开

选中顶点以后，单击该按钮可以在与选定顶点相连的每个多边形上都创建一个新顶点，这可以使多边形的转角相互分开，使它们不再相连于原来的顶点上。

3. 挤出

直接使用"挤出"工具可以手动在视图中挤出顶点。单击"挤出"右面的"设置"按钮 ▣，在弹出的"挤出顶点"对话框中可以精确设置挤出的高度和宽度，效果如图 4-2-5 所示。

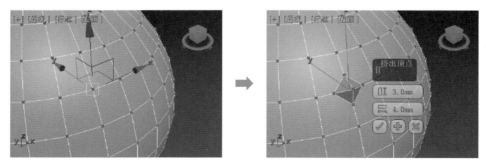

图 4-2-5　挤出

4. 切角

将选中的顶点切成一个多边形平面，使用该工具在视图中拖拽光标，可以手动为顶点切角。单击"切角"右面的"设置"按钮，在弹出的"切角"对话框中可以设置精确的"顶点切角量"，如图 4-2-6 所示；同时还可以"打开切角"，以生成孔洞效果，如图 4-2-7 所示。

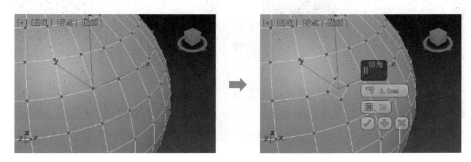

图 4-2-6　切角

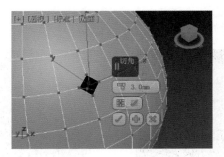

图 4-2-7　打开切角

5. 焊接

对"焊接顶点"对话框中指定的"焊接阈值"范围内连续选中的顶点进行合并，合并后所有边都会与产生的单个顶点连接。单击"焊接"右面的"设置"按钮可以设置"焊接阈值"，焊接效果如图 4-2-8 所示。

图 4-2-8　焊接

6. 目标焊接

选择一个顶点后，使用该工具可以将其焊接到相邻的目标顶点，效果如图 4-2-9 所示。

图 4-2-9　目标焊接

7. 连接

在选中的对角顶点之间创建新的边，如图 4-2-10 所示。

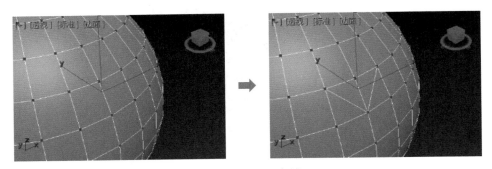

图 4-2-10　连接

8. 移除孤立顶点

删除不属于任何多边形的所有顶点。

9. 移除未使用的贴图顶点

某些建模操作会留下未使用的（孤立）贴图顶点，它们会显示在"展开 UVW"编辑器中，但是不能用于贴图，单击该按钮就可以自动删除这些贴图顶点。

10. 权重

设置选定顶点的权重，供 NURMS 细分选项和"网格平滑"修改器使用。

二、"编辑边"卷展栏重要参数

前面已经介绍过"编辑边"卷展栏中"切角""连接"和"利用所选内容创建新图形"3

194

个高频率使用工具，下面介绍一下其他重要工具。

1. 插入顶点

在"边"子集下，打开该工具，单击目标边，可以在边上添加顶点，如图 4-2-11 所示，添加完毕后关闭工具或者右击退出。

图 4-2-11　插入顶点

2. 移除

选择目标边后，单击该按钮或按"Backspace"键可以移除边，单击"移除"按钮的删除效果如图 4-2-12 所示。如果按"Delete"键，将删除边以及与边连接的面，效果如图 4-2-13 所示。

图 4-2-12　单击"移除"按钮移除

图 4-2-13　按"Delete"键移除

3. 分割

单击该按钮可以为与选定边相连的每个多边形创建一条新边。

4. 挤出

使用该工具可以手动在视图中挤出边。如果要精确设置挤出的高度和宽度，可以单击"挤出"右面的"设置"按钮 ■，然后在"挤出边"对话框中输入数值即可，如图 4-2-14 所示。

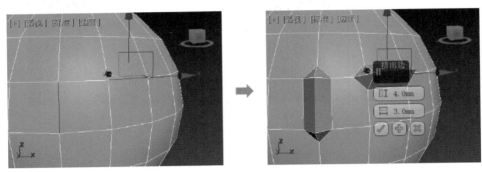

图 4-2-14　挤出

5. 焊接

将选定的在"焊接阈值"范围内的边界边合并成一条。

6. 目标焊接

将选定的边界边焊接到目标边界边。

7. 桥

将选定的边界边桥接到目标边界边上，可以设置桥接分段数。

焊接、目标焊接和桥三种连接方式的比较见表 4-2-1。

▼ 表 4-2-1　不同连接方式的比较

连接方式	两对象连接前	两对象连接后
焊接		

续表

连接方式	两对象连接前	两对象连接后
目标焊接	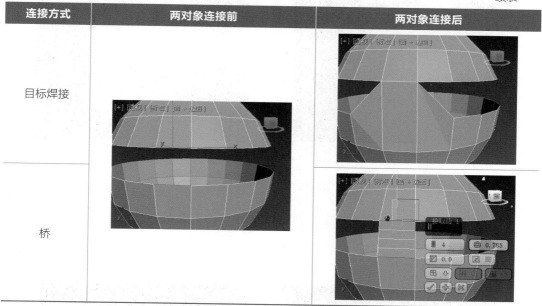	
桥		

三、"编辑边界"卷展栏重要参数

"编辑边界"卷展栏中的参数大多与"编辑边"卷展栏参数类似，此处仅介绍"封口"工具。其功能是在边界内创建一个多边形使模型封闭，如图 4-2-15 所示。

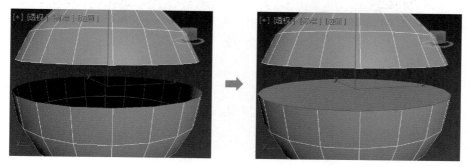

图 4-2-15　封口

四、"编辑多边形"卷展栏重要参数

在"多边形"子集下，可以通过"插入顶点"增加多边形的数量，也可以通过"轮廓""桥"等命令改变多边形的形态。

1. 插入顶点

用于手动在多边形中插入顶点（单击即可插入顶点），以细化多边形，如图 4-2-16 所示。

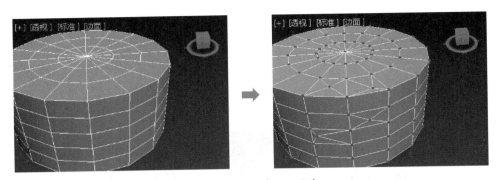

图 4-2-16　插入顶点

2. 轮廓

用于增大或减小每组连续的选定多边形的外边，如图 4-2-17 所示，轮廓值 =-1 mm，为减小选定多边形轮廓。

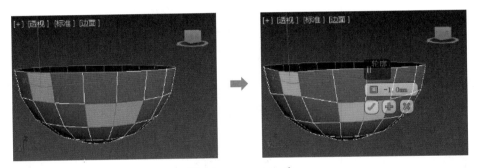

图 4-2-17　轮廓

3. 桥

使用该工具可以连接对角上的两个多边形或多边形组，如图 4-2-18 所示为桥接选定的两组多边形。

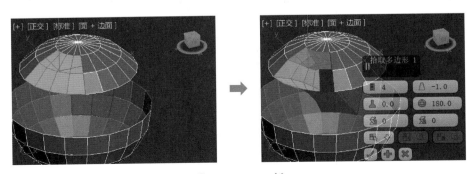

图 4-2-18　桥

4. 翻转

反转选定多边形的法线方向。

5. 从边旋转

选定多边形后，使用该工具可以沿着垂直方向拖动任何边，以便旋转选定的多边形。

6. 沿样条线挤出

沿样条线挤出当前选定的多边形。

任务实施

一、建立文件

打开软件，执行"文件"→"保存"命令，建立名为"4_2 香水瓶 .max"的文件；检查文件，确定单位设置为毫米。

二、制作瓶身

1. 在右侧命令面板中执行"创建"→"几何体"→"标准基本体"→"圆柱体"命令，在前视图中绘制圆柱体，参数设置为半径 =80 mm、高度 =50 mm、高度分段 = 端面分段 = 3、边数 =30，参数设置及透视图效果如图 4-2-19 所示。

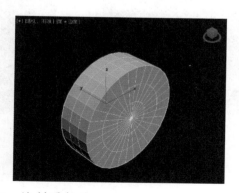

图 4-2-19　绘制圆柱体

2. 在右侧"修改"面板中右击"Cylinder"，在弹出的菜单中选择"可编辑多边形"。

3. 在"可编辑多边形"下选择"多边形"子集，在左视图中框选如图 4-2-20 所示的多边形，切换到前视图选择"选择并均匀缩放" 工具，放大所选多边形，放大过程及透视图效果如图 4-2-21 所示。

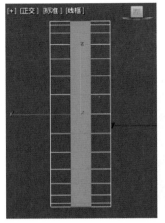

图 4-2-20　选择多边形

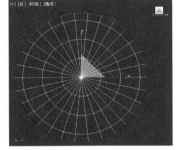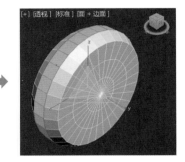

图 4-2-21　放大多边形

4. 切换为"顶点"子集，保持"缩放"状态，在前视图中框选所有点，拖动 Y 轴将整体拉伸为如图 4-2-22 所示的椭圆形，接着框选如图 4-2-23 所示点，压缩 Y 轴直至所有点在同一水平面上。

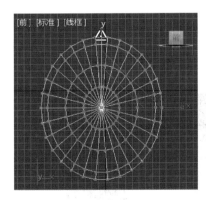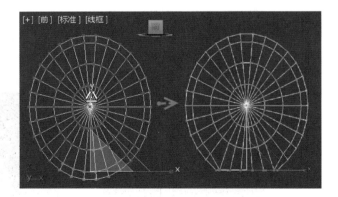

图 4-2-22　拉伸 Y 轴　　　　　　　　　　图 4-2-23　压缩 Y 轴

5. 框选如图 4-2-24 所示圆的中心点，在"编辑顶点"卷展栏中单击 ▆▆移除▆▆ 按钮将点删除。

🦋 小贴士

此处中心点不能用键盘上的"Delete"键直接删除，那样会将包含点的多边形也删除掉。

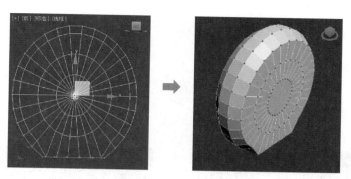

图 4-2-24　移除中心点

6.切换为"边"子集，框选如图 4-2-25a 所示边，然后在"选择"卷展栏中单击 **环形** ，接着单击"编辑边"卷展栏"连接"右面的"设置"按钮 ▣，设置编辑边 =1，单击"确认"按钮 ☑，效果如图 4-2-25b 所示。

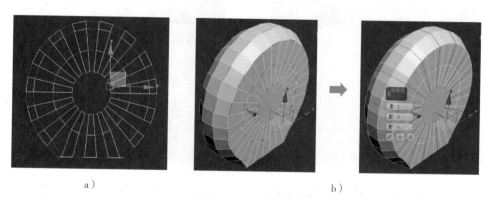

　　　　a）　　　　　　　　　　　　　　　　　　　　b）

图 4-2-25　连接

7.加连接线后发现中心圆处多了一圈线段（15 条），如图 4-2-26 所示，选中这些多余的线段后在"编辑边"卷展栏中单击"移除"按钮将其删除。

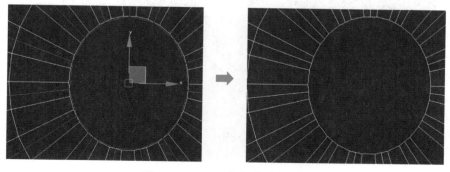

图 4-2-26　移除多余边线

小贴士

快速选择第 7 步中要删除线段的方法：在"选择"卷展栏下先单击"多边形"按钮 ▣，然后选择如图 4-2-27 所示多边形，接着按住"Ctrl"键的同时单击"边"按钮 ◁，这时多边形的边界边全部被选中。

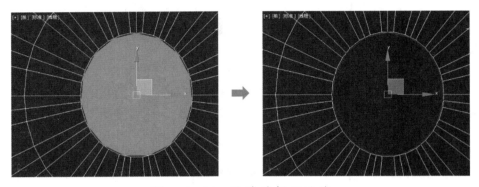

图 4-2-27　快速选择面边线

8. 在"选择"卷展栏下单击"边"按钮 ◁，框选如图 4-2-28 所示边，接着按住"Ctrl"键的同时单击"顶点"按钮 ⁘，在左视图中用"选择并缩放"工具向右拖动 X 轴，将点拉伸至如图 4-2-29 所示位置，瓶身凸起效果就设置好了，立体效果如图 4-2-30 所示。

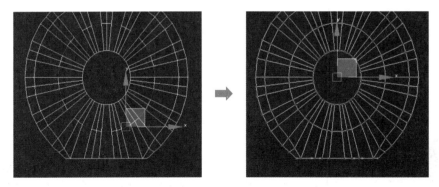

图 4-2-28　快速选择线顶点

9. 切换到"多边形"子集，选中图 4-2-31 中模型的前后两个平面，在"编辑多边形"卷展栏下单击"插入"右面的"设置"按钮 ▣，设置数量 =2 mm，默认"组"方式。接着加载"网格平滑"修改器，此时模型中心是个平面，效果如图 4-2-31 所示。

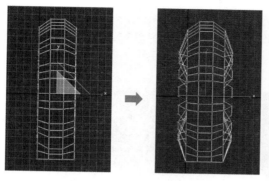

图 4-2-29 拖动 X 轴   图 4-2-30 缩放后效果

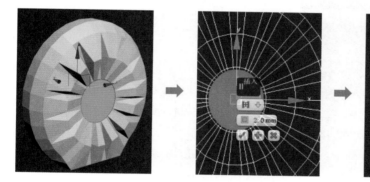

图 4-2-31 插入平面并加载"网格平滑"修改器

🦋 小贴士

　　若在第 9 步前直接为模型加载"网格平滑"修改器，模型效果如图 4-2-32 所示，模型中心原有的平面消失。若要保证中心是平面，就要在中心处先插入一个面，保证平滑的效果不会扩张到中心。

图 4-2-32 加载"网格平滑"修改器

10. 在中心平面外插入的一圈多边形处挤出一圈凸起结构，增加轮廓感。选中如图 4-2-33 所示的一圈多边形面，在"编辑多边形"卷展栏中单击"倒角"右面的"设置"按钮 ▣，设置高度 =1 mm、轮廓 =-0.5 mm、默认"组"方式。

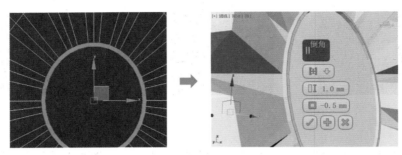

图 4-2-33　倒角

🦋 小贴士

快速选择由多个多边形组成的环面的方法：在"选择"卷展栏下先单击"多边形"按钮 ▣，然后框选模型前后的中心多边形，接着按住"Ctrl"键同时单击"边"按钮 ◁（这时多边形的边界边全部被选中），再按住"Ctrl"键同时单击"多边形"按钮 ▣，两次切换选中的多边形范围如图 4-2-34 所示。然后按住"Alt"键框选中心多边形将其去掉，最终剩余圆环效果如图 4-2-35 所示。

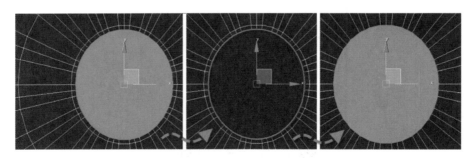

图 4-2-34　按住"Ctrl"键同时单击按钮

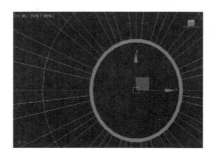

图 4-2-35　最终效果

三、制作瓶底

1.保持"多边形"子集，选择如图 4-2-36 所示瓶底多边形，在"编辑多边形"卷展栏中单击"插入"右面的"设置"按钮 ▣，设置插入值 =9 mm；再单击"倒角"右面的"设置"按钮 ▣，设置高度 =-3 mm、轮廓 =-3 mm，默认"组"方式。

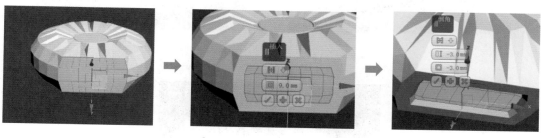

图 4-2-36　插入、倒角

2.切换为"边"子集，复选如图 4-2-37 所示的三圈边，在"编辑边"卷展栏中单击"切角"右面的"设置"按钮 ▣，设置边切角量 =0.5 mm、连接边分段 =1，其余参数为默认值。

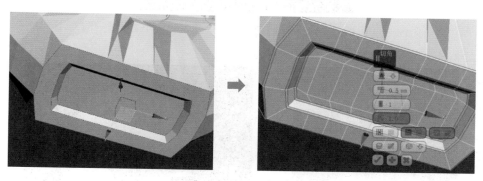

图 4-2-37　切角

3.切角后，在外圈四个角的位置上各多出一个分界点，所以需在"顶点"子集下，选中如图 4-2-38 所示的两个点，在"编辑顶点"卷展栏下单击"焊接"按钮进行焊接，焊接阈值 =0.8 mm，其余 3 个角操作相同。

四、制作瓶口

1.首先确定要添加瓶口位置的多边形外圈的顶点个数，如图 4-2-39 所示，顶点个数为"14"，根据这个数目确定与之连接的圆柱体边数。在顶视图中创建圆柱体，参数设置为半径 = 高度 =30 mm、高度分段 =3、端面分段 =1、边数 =14，如图 4-2-40 所示。

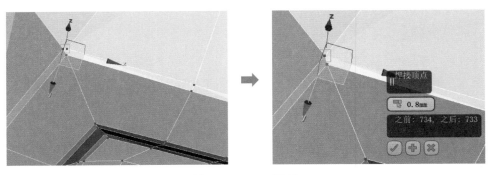

图 4-2-38　焊接

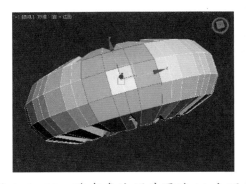

图 4-2-39　选中多边形外圈的 14 个顶点

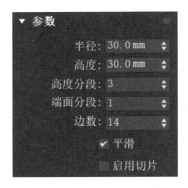

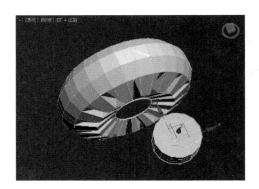

图 4-2-40　创建圆柱体

2. 右击圆柱体，选择弹出菜单中的"转换为"→"转换为可编辑多边形"命令。选择"多边形"子集，将圆柱体的上、下表面删除，并删除瓶身要与圆柱体接合处的表面多边形，删除后的效果如图 4-2-41 所示。

3. 如图 4-2-42 所示，在选中圆柱体的状态下单击"对齐"按钮 ，在弹出的菜单中选择 X、Y、Z 三个方向的"中心"对齐于瓶体"中心"。然后在前视图中沿 Y 轴将圆柱体平移至如图 4-2-43 所示位置。

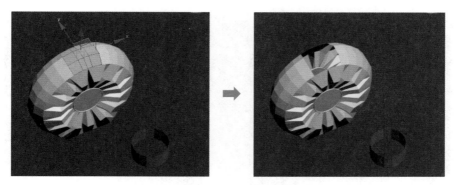

图 4-2-41　删除面备用

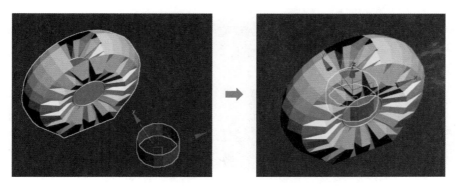

图 4-2-42　对齐

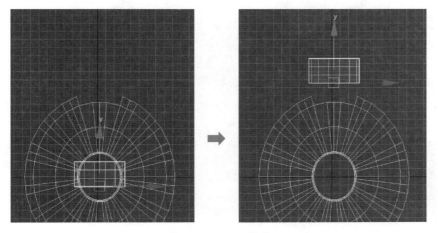

图 4-2-43　平移

4. 为了后续操作的点可以对应起来，先把圆柱体沿轴线旋转 90°。切换为"元素"子集，在"编辑几何体"卷展栏下单击"附加"按钮，点选瓶体结构，右击退出。此时两个结构合为一体，颜色也相同，如图 4-2-44 所示。

图 4-2-44　附加

5. 切换到"顶点"子集，在"编辑顶点"卷展栏中单击"目标焊接"，将"瓶体中心点"焊接到"圆柱正面底边中心点"处，效果如图 4-2-45 所示。

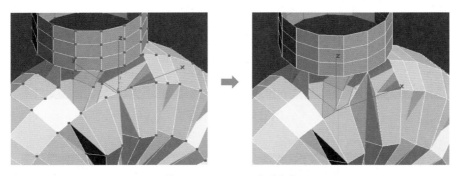

图 4-2-45　目标焊接

6. 切换到"边"子集，在"编辑边"卷展栏中单击"目标焊接"，将"瓶体开口边"依次对应焊接到"圆柱底边"处，效果如图 4-2-46 所示。

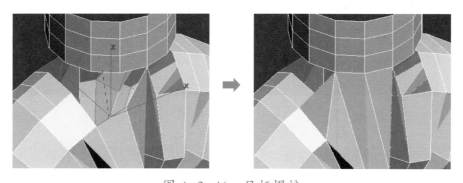

图 4-2-46　目标焊接

7. 焊接一周后剩下最后一个分离点时，切换到"顶点"子集，单击"目标焊接"，焊接最后一个分离点，全部焊接后效果如图 4-2-47 所示。切换到前视图，移动并缩放调整连接处顶点位置，最终效果如图 4-2-48 所示。

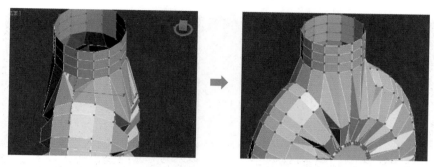

图 4-2-47　目标焊接

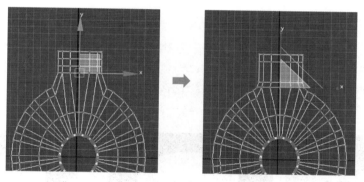

图 4-2-48　移动、缩放连接处的两圈点

8. 切换到"多边形"子集，在前视图中选择如图 4-2-49 所示多边形，在"编辑多边形"卷展栏中单击"倒角"右面的"设置"按钮 ▣，设置高度 =2 mm、轮廓 =-3 mm、默认"组"方式，单击"确认"按钮 ☑。

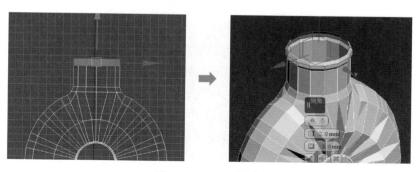

图 4-2-49　倒角

9. 切换到"边界"子集，在前视图中选择瓶口边界并按住"Shift"键拖动 Y 轴向上至如图 4-2-50 所示位置，切换至"选择并均匀缩放"状态，放大边界线至如图 4-2-51 所示状态。

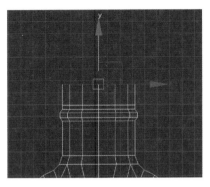
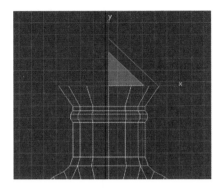

图 4-2-50　移动复制　　　　　　　　　图 4-2-51　缩放

10. 在前视图中，切换为"选择并移动"状态，按住"Shift"键同时拖动 Y 轴向上至如图 4-2-52 所示位置，然后在透视图中切换为"选择并均匀缩放"状态并按住"Shift"键缩小 XY 面至如图 4-2-53 所示大小，向瓶口内侧延伸添加平面。

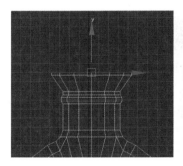

图 4-2-52　移动复制　　　　　　　图 4-2-53　缩放复制

11. 重复第 10 步的操作。在前视图中切换为"选择并移动"状态，按住"Shift"键同时拖动 Y 轴向上一小段位置后，切换为透视图中的"选择并均匀缩放"状态，直接缩小 XY 面，结果如图 4-2-54 所示。

12. 重复两次第 11 步的操作。注意最后尽量缩小到如图 4-2-55 所示效果。

13. 按住"Ctrl"键同时在"选择"卷展栏中单击"顶点"按钮 ，此时切换为选中边界上的所有顶点，然后在"编辑顶点"卷展栏中单击"焊接"右面的"设置"按钮 ，设置焊接阈值 =0.8 mm，将所有点焊接至同一点，如图 4-2-56 所示。

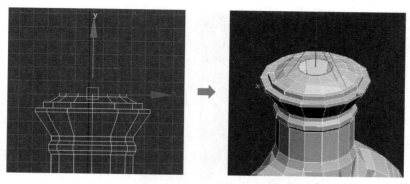

图 4-2-54　移动复制、缩放调整

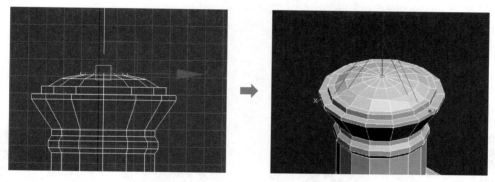

图 4-2-55　移动复制、缩放调整

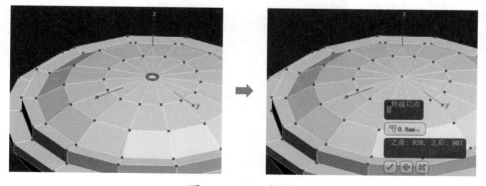

图 4-2-56　焊接

五、调整瓶子形态

1. 添加"网格平滑"修改器，效果如图 4-2-57 所示，此时瓶嘴装饰处轮廓不够明显，可退出"网格平滑"，在"边"子集下选择如图 4-2-58 所示的两圈轮廓线，添加"切角"，设置边切角量 =0.5 mm。

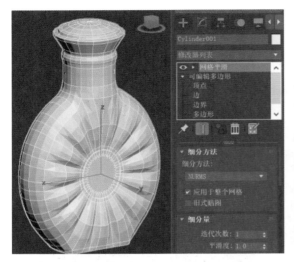

图 4-2-57　加载"网格平滑"修改器

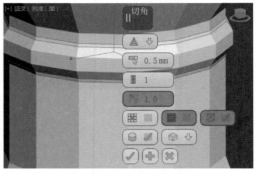

图 4-2-58　切角

2. 若香水瓶的瓶口长度不够美观，可切换到"顶点"子集，选择如图 4-2-59 所示顶点，拖动 Y 轴拉伸至合适位置。

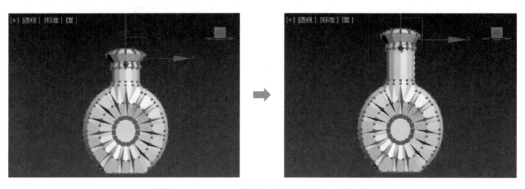

图 4-2-59　移动点调整瓶口长度

3. 如果后期渲染需要瓶盖和瓶体的材质不同，可以选中如图 4-2-60 所示多边形，在"编辑几何体"卷展栏中单击"分离"，在弹出的"分离"对话框中设置分离名称为"瓶盖"，勾选"以克隆对象分离"复选框，然后单击"确定"。选中分离出来的瓶盖，加载"壳"修改器，设置外部量 =2 mm，其余参数为默认值，加载"网格平滑"修改器，最终效果如图 4-2-61 所示。

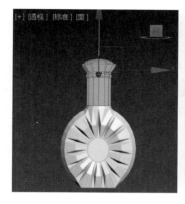  

图 4-2-60 分离

图 4-2-61 最终效果

六、保存、导出模型

保存"4_2 香水瓶 .max"文件，导出"4_2 香水瓶 .STL"文件，为打印做准备。

思考与练习

1. 两个独立的多边形对象可以组合成一个整体么？如果可以，应采用什么方法？

2. 用多边形建模绘制如图 4-2-62 所示高尔夫球模型。

图 4-2-62 高尔夫球模型

任务 3　制作中国六角亭

 学习目标

1. 了解多边形建模和其他建模的交互关系。
2. 掌握"切片"修改器、"球形化"修改器和"对称"修改器的作用。
3. 能够结合多种方式创建结构复杂的模型。

 任务引入

　　六角亭是具有代表性的中国古代建筑之一，本任务要求完成如图 4-3-1 所示中国六角亭的设计。中国六角亭主要分为六角亭顶、六角亭身和底座三部分，六角亭顶由宝顶、花脊、屋顶瓦片等结构组成。中国六角亭的制作过程中会用到"挤出""FFD""切片"等修改器，需要对多边形进行转换、编辑等操作。通过本任务的学习，能够使大家了解 3ds Max 建模方法的综合运用。

图 4-3-1　中国六角亭

 相关知识

一、多边形建模和修改器的关系

　　在多边形建模中，有时仅在不同子层级下编辑对象不能完全达到所需效果，对于结构复杂的模型往往还需要通过加载相应的修改器对整体形状进行调整，所以在 3ds Max 建模中常常将加载修改器和"转换为可编辑多边形"交替使用，以达到所需效果。

二、"切片"修改器

　　"切片"修改器常用于模型切割，也可作为优化网格的一种方式。"切片"修改器的"切片参数"卷展栏如图 4-3-2 所示，可选择切片类型（常用切片类型为"移除顶部"和"移除底部"，效果对比见表 4-3-1），也可选择作用于"面"或"多边形"。在修改器列表中，"切片"修改器只有一个"切片平面"子集，在此子集下可对切片平面的位置进行编辑。

图 4-3-2　"切片"修改器的"切片参数"卷展栏

▼ 表 4-3-1　常用切片类型比较

切片类型	切片前	切片后
移除顶部	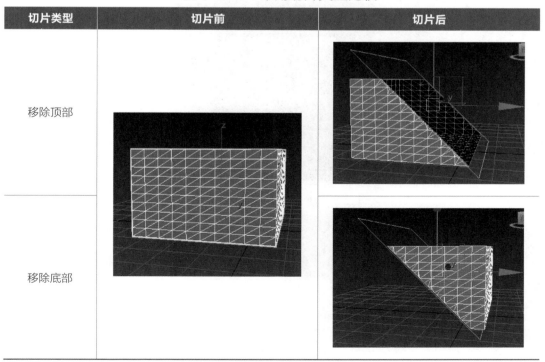	
移除底部		

三、"球形化"修改器

"球形化"修改器可以将"细化"的对象拟合成球体，"参数"卷展栏如图 4-3-3 所示，通过"百分比"的设置可以确定拟合对象趋于球体的程度，几种"百分比"的情况对比见表 4-3-2。

图 4-3-3 "球形化"修改器的"参数"卷展栏

▼ 表 4-3-2　球形化前后对比

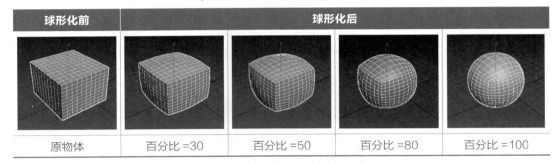

球形化前	球形化后			
原物体	百分比 =30	百分比 =50	百分比 =80	百分比 =100

四、"对称"修改器

"对称"修改器可以创建对称且结构完全相同的模型，可降低工作量并同步展现绘制效果。"对称"修改器的"参数"卷展栏如图 4-3-4 所示。

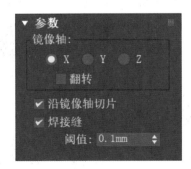

图 4-3-4 "对称"修改器的"参数"卷展栏

1. 镜像轴

执行对称操作的镜像轴，有 X、Y、Z 三个方向。默认情况下与对象坐标方向一致，勾选"翻转"复选框后正、负方向互换。

2. 沿镜像轴切片

勾选该复选框，可以以镜像平面为切割面，切掉镜像轴正方向的对象。取消勾选该复选框则不进行任何切割，保留原状。以镜像轴为 X 轴为例，表 4-3-3 为翻转和切片的关系。

▼ 表 4-3-3　翻转和切片的关系

操作类型	对称前	对称后
关闭切片		
不翻转、切片		
翻转、切片		

3. 焊接缝

勾选该复选框，可以在阈值确定的范围内进行对称平面的焊接，以保证两对称结构在连接处闭合。

五、"细分""细化"和"优化"修改器

"细分"和"细化"修改器可以按照一定的规则增加对象中面和顶点的数目，以使对象的细节更加精确；而"优化"修改器与它们相反，它的作用是减少对象中面和顶点的数目以简化几何体，加快渲染速度。

"细分"修改器的"参数"卷展栏如图 4-3-5 所示，通过"大小"值来确定细分程度，对模型多次加载此修改器时，若"大小"值不变则效果不变；"细化"修改器的"参数"卷

展栏如图 4-3-6 所示，有作用于"三角面片"和"多边形面片"两种方式，对模型多次加载此修改器，相当于添加"迭代次数"。"优化"修改器的"参数"卷展栏如图 4-3-7 所示，通过设置参数可有效减少对象顶点和面的数量，可在此栏中直观显示。

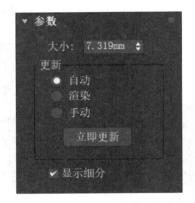

图 4-3-5　"细分"修改器的"参数"卷展栏

图 4-3-6　"细化"修改器的"参数"卷展栏

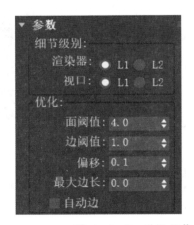

图 4-3-7　"优化"修改器的"参数"卷展栏

任务实施

一、建立文件

打开软件，执行"文件"→"保存"命令，建立名为"4_3 中国六角亭 .max"的文件；

检查文件，确定单位设置为毫米。

二、制作六角亭顶

1. 创建宝顶模型。执行"创建"→"图形"→"样条线"→"线"命令，在前视图中绘制如图 4-3-8 所示的图形线框，为右下角的 4 个点添加圆角。

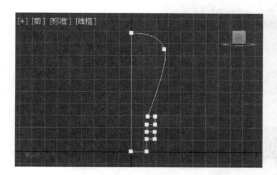 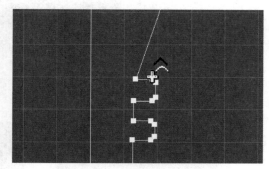

图 4-3-8 "线"样条线

2. 在右侧"修改"面板中为线框加载"车削"修改器，参数设置及效果如图 4-3-9 所示，调整车削轴与线框左侧直线对齐，宝顶模型创建完毕（若模型为黑色，表示法线相反，应勾选"翻转法线"复选框）。

 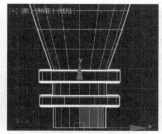 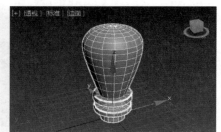

图 4-3-9 加载"车削"修改器

3. 创建花脊模型。执行"创建"→"图形"→"样条线"→"线"命令，在前视图中绘制如图 4-3-10 所示线条。

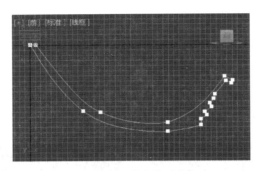

图 4-3-10　"线"样条线

4. 为线框加载"挤出"修改器，设置挤出数量 =20 mm，效果如图 4-3-11 所示。

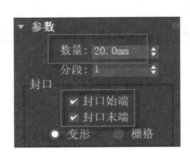
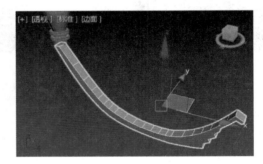

图 4-3-11　加载"挤出"修改器

5. 在右侧"层次"面板中单击"轴"和"仅影响轴"，在顶视图中将挤出的花脊模型轴心坐标平移至左端中点处，如图 4-3-12 所示。然后关闭"仅影响轴"，执行"对齐"命令，拾取宝顶模型（Line001），对齐设置及对齐效果如图 4-3-13 所示，X、Y、Z 位置均选择"当前对象：轴点"对齐"目标对象：轴点"。

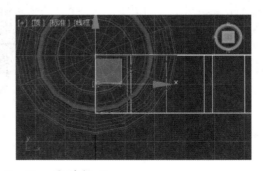

图 4-3-12　平移轴心

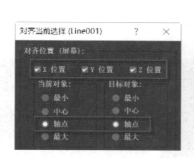

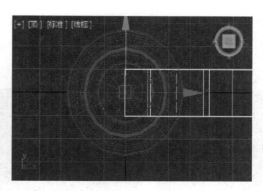

图 4-3-13　对齐

6. 打开角度捕捉，设置为60°，用按住"Shift"键旋转复制的方式，复制5个"实例"方式的副本，如图4-3-14所示。对6根花脊执行"组"命令，命名为"组001花脊"，花脊模型创建完毕。

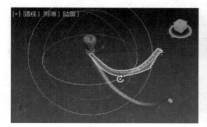

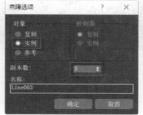

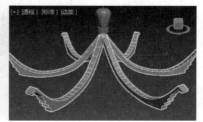

图 4-3-14　旋转复制

7. 创建屋顶结构。执行"创建"→"图形"→"样条线"→"弧"命令，在前视图中绘制如图4-3-15所示弧线。为其加载"挤出"修改器，如图4-3-16所示，设置挤出数量 = 350 mm、分段 =21。

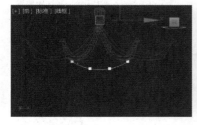

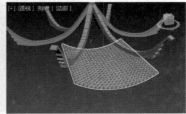

图 4-3-15　"弧"样条线　　　图 4-3-16　加载"挤出"修改器

8. 加载"壳"修改器，如图4-3-17所示，设置内部量 =3 mm、外部量 =2 mm。再加载"FFD 3×3×3"修改器，在"控制点"子集下调整形状如图 4-3-18 所示。图 4-3-19 所示为"FFD 3×3×3"修改器下前视图、左视图和顶视图效果。

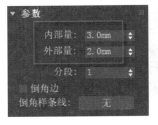

图 4-3-17　加载"壳"修改器

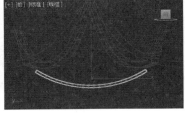

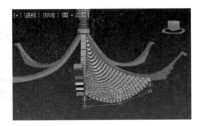

图 4-3-18　调整后效果

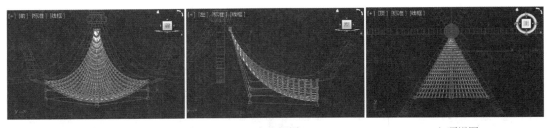

a）前视图　　　　　　　　b）左视图　　　　　　　　c）顶视图

图 4-3-19　"FFD 3×3×3"修改器下各视图效果

9. 将屋顶转换为"可编辑多边形"。在"边"子集下选择如图 4-3-20 所示的边线，在"编辑边"卷展栏中执行"利用所选内容创建图形"命令，创建出曲线"图形 001"。选择"图形 001"，在其"渲染"卷展栏中勾选"在渲染中启用"和"在视口中启用"复选框，并设置渲染径向厚度 =8 mm，如图 4-3-21 所示。

图 4-3-20　利用所选内容创建图形

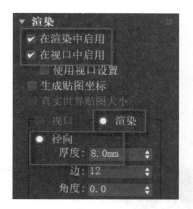

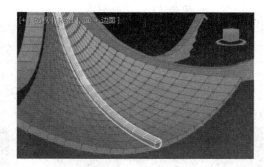

图 4-3-21　渲染建模

10. 将渲染好的线条以"实例"的模式移动复制 11 个副本，并将 12 根线条群组，命名为"组 002 瓦"，作为屋顶瓦片，效果如图 4-3-22 所示。

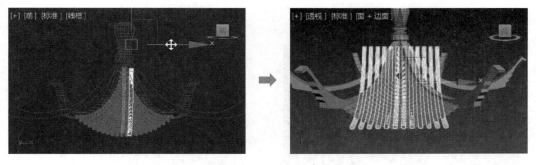

图 4-3-22　移动复制

11. 加载"FFD 3×3×3"修改器，隐藏其他结构，在"控制点"子集下调整形状贴合亭顶曲面，最终效果如图 4-3-23 所示。

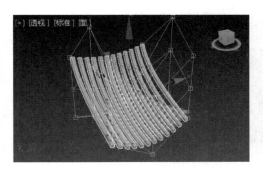

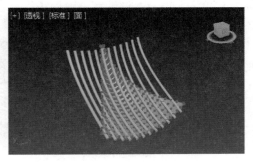

图 4-3-23　加载"FFD 3×3×3"修改器

12. 加载"切片"修改器，在"切片平面"子集下旋转切片平面至适当位置，切片类型为"移除顶部"，效果如图 4-3-24 所示。再加载一个"切片"修改器，同样将另一侧切除，最终效果如图 4-3-25 所示。

13. 将切除好的模型用按住"Shift"键移动复制的方式复制一个副本，在修改器列表中回到"可编辑样条线"的"渲染"卷展栏，选择"矩形"单选按钮，设置长度 =8 mm、宽度 =10 mm，调整"FFD 3×3×3"修改器中的控制点，最终效果如图 4-3-26 所示。

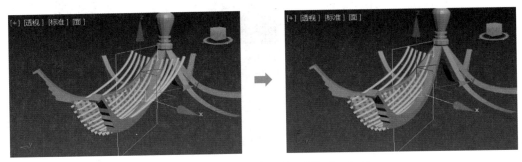

图 4-3-24 加载"切片"修改器

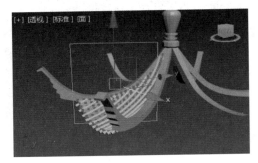

图 4-3-25 加载"切片"修改器

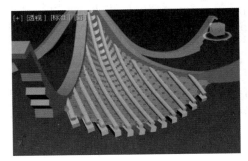

图 4-3-26 最终效果

14. 将屋顶瓦片的三部分群组，在顶视图中调整组坐标轴至中心，以"实例"方式旋转复制另外 5 个副本，如图 4-3-27 所示，六角亭顶创建完毕。

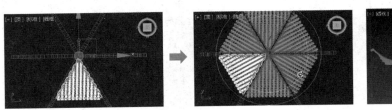

a）在顶视图中复制

b）透视图效果

图 4-3-27 旋转复制

三、制作六角亭底座

1. 在顶视图中绘制圆柱体，参数设置为半径 =400 mm、高度 =150 mm、高度分段 =4、边数 =6，对齐于中心，如图 4-3-28 所示。

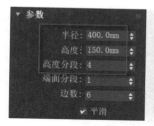
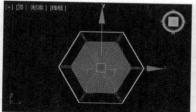
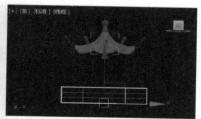

图 4-3-28　绘制圆柱体

2. 将圆柱体转换为"可编辑多边形"，在"多边形"子集下选择如图 4-3-29 所示的多边形，执行"挤出"命令，采用"局部法线"的方式，设置挤出高度 =20 mm。

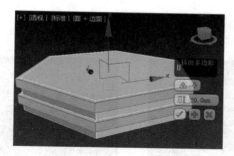

图 4-3-29　挤出

3. 如图 4-3-30 所示，在顶视图中绘制 4 个长方体作为台阶，它们的高度均为 30 mm，宽度均为 300 mm，长度从 100 mm 开始依次增加 80 mm，群组后与底座对齐。

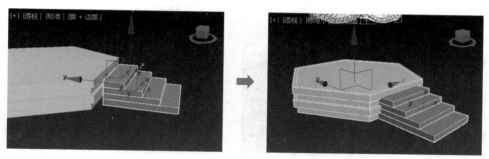

图 4-3-30　绘制 4 个长方体并对齐

225

四、制作六角亭身

1. 制作柱础。在顶视图中创建圆柱体，参数设置为半径 = 高度 =40 mm、高度分段 =2、边数 =16，如图 4-3-31 所示，并转换为"可编辑多边形"。

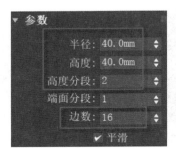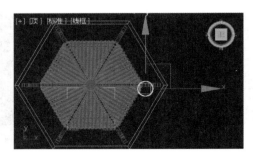

图 4-3-31　绘制圆柱体

2. 在"顶点"子集下，单击"选择并缩放"按钮，将圆柱体底圈的 16 个点分为 4 个方向，每次选中 5 个连续顶点，分 4 次单向压缩 X（或 Y）轴，将底圈圆形调整成正方形，再将此圈的顶点距离放大，效果如图 4-3-32 所示。

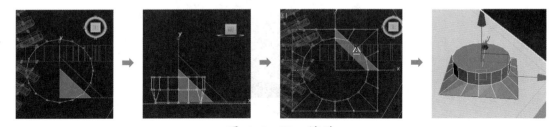

图 4-3-32　缩放

🦋 **小贴士**

快速选择单层中部分点的方法：先在顶视图中框选所有点，再在前视图中按住"Alt"键框选要减选的点。圆形改方形的方式如图 4-3-33 所示，在顶视图中依次压缩。

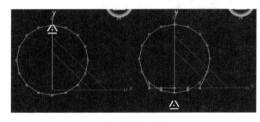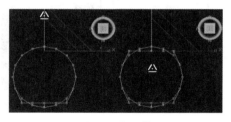

a）下压缩 Y 轴　　　　　　　　　　　　b）上压缩 Y 轴

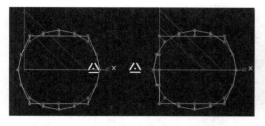
c）左压缩 X 轴

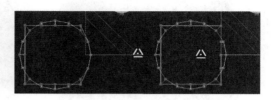
d）右压缩 X 轴

图 4-3-33　圆改方

3. 切换到"多边形"子集，将方形底面"挤出"10 mm，再切换到"边"子集，选择如图 4-3-34 所示边线，执行"切角"命令，边切角量 =1 mm。

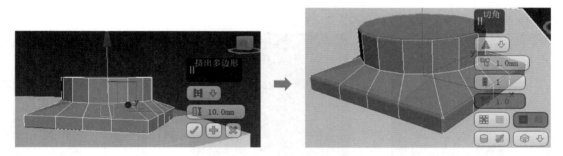

图 4-3-34　挤出和切角

4. 加载"网格平滑"修改器，再加载"细化"修改器（作用于多边形），最终效果如图 4-3-35 所示，柱础绘制完毕。

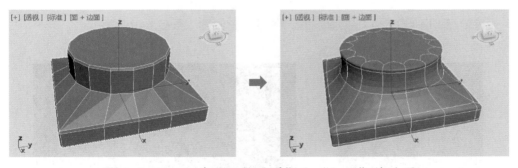

图 4-3-35　加载"网格平滑"和"细化"修改器

5. 在顶视图中绘制圆柱体，参数为半径 =20 mm、高度 =350 mm，对齐后效果如图 4-3-36 所示，将该圆柱体与柱础群组为"檐柱"。

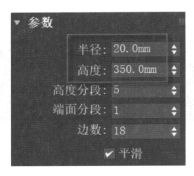

图 4-3-36　绘制圆柱体并对齐

6. 如图 4-3-37 所示，将檐柱移动到适当位置后，打开"仅影响轴"，将轴心移至亭中心。再关闭"仅影响轴"，用"实例"方式旋转复制出 5 个副本。

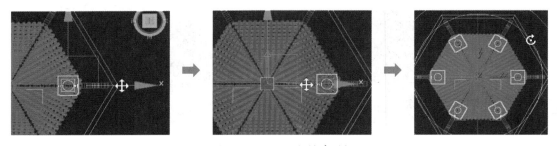

图 4-3-37　旋转复制

7. 隐藏亭顶，制作枋和楣子。在顶视图中绘制长度 =22 mm、宽度 =330 mm、高度 = 40 mm 的长方体作为枋的结构，移动至如图 4-3-38 所示位置；绘制如图 4-3-39 所示的矩形样条线框，转换为"可编辑样条线"后，执行"样条线"→"几何体"→"轮廓"命令，设置轮廓阈值 =6 mm，并为其加载"挤出"修改器（数量 =10 mm）。

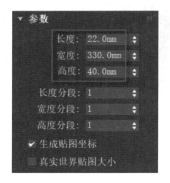
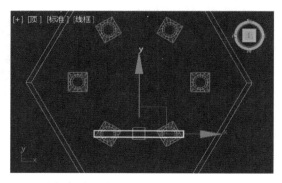

图 4-3-38　绘制并移动长方体

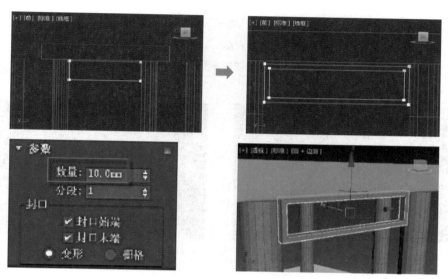

图 4-3-39 绘制"矩形"样条线并加载"挤出"修改器

8. 楣子中的花框及其参数如图 4-3-40 所示,采用渲染"矩形"样条线的方式绘制,渲染参数设置:矩形,长度 =10 mm、宽度 =3 mm。然后将枋和楣子群组,执行"仅影响轴"命令,将轴心坐标移至中心。关闭"仅影响轴",以"实例"方式旋转复制 5 个副本,效果如图 4-3-41 所示,枋和楣子绘制完毕。

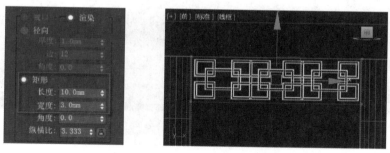

图 4-3-40 渲染矩形样条线

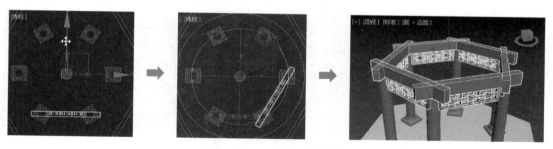

图 4-3-41 旋转复制

9. 制作雀替。取消花脊的隐藏，在前视图中绘制如图 4-3-42 所示的渲染线段，渲染参数设置为长度 =20 mm、宽度 =40 mm 和长度 =20 mm、宽度 =20 mm 两对尺寸。两者群组后移动轴心坐标到中心，用"实例"的方式旋转复制 5 个副本，效果如图 4-3-43 所示。

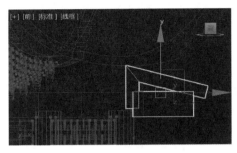
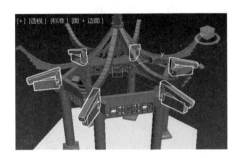

图 4-3-42　绘制渲染线段　　　　　图 4-3-43　旋转复制

10. 绘制匾额。在前视图中绘制长方体（长度 =66 mm、宽度 =136 mm、高度 =15 mm），转换为"可编辑多边形"后，在"多边形"子集下执行"插入"（数量 =6 mm）、"挤出"（高度 =-6 mm）命令，并将其移动至正面楣子前，如图 4-3-44 所示。

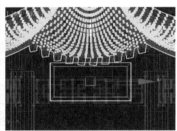

图 4-3-44　绘制匾额

11. 执行"创建"→"图形"→"样条线"→"文本"命令，在文本的"参数"卷展栏中设置：采用"汉仪篆书繁"字体（字体添加方法参见项目三任务 2）、大小 =49 mm、字间距 =-10 mm，在如图 4-3-45 所示位置添加文字，然后加载"挤出"修改器，设置数量 =-7 mm。

12. 中国古亭还有吴王靠、坐槛、裙板等结构，本文用护槛代替。如图 4-3-46 所示，在顶视图中用渲染样条线的方式绘制线条，渲染参数设置为长度 =10 mm、宽度 =10 mm，用"实例"方式向下移动复制 1 个副本；如图 4-3-47 所示，在左视图中用同样方法绘制线条，渲染参数设置为长 8 mm、宽 8 mm，用"实例"方式移动复制 8 个副本。群组所有渲染样条线，移动坐标轴至中心，用"实例"方式旋转复制 5 个副本后将正面护槛组删除，效果如图 4-3-48 所示。

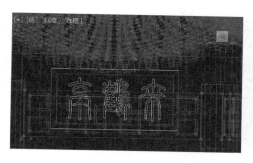

图 4-3-45　添加文字

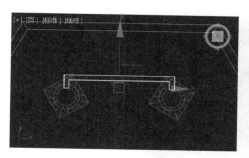
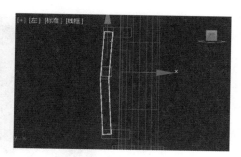

图 4-3-46　绘制渲染样条线　　　　图 4-3-47　绘制渲染样条线

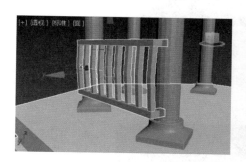

图 4-3-48　旋转复制

13. 调整所有结构的位置，中国六角亭的最终效果如图4-3-49所示。

图 4-3-49　最终效果

五、保存、导出模型

保存"4_3中国六角亭.max"文件，导出"4_3中国六角亭.STL"文件，为打印做准备。

 思考与练习

1. 制作如图4-3-50所示的现代陶罐有哪些方法？它们有哪些区别？

图 4-3-50　现代陶罐

2. 制作南瓜灯，并将南瓜灯切割摆放，效果如图4-3-51所示。

图 4-3-51　南瓜灯

任务 4   制作水果叉

 学习目标

1. 了解网格建模与多边形建模的区别。
2. 掌握转换为"可编辑网格"对象的方法。
3. 熟练掌握"可编辑网格"中"挤出""切角"等命令的使用。
4. 能用"可编辑网格"创建三维模型。

 任务引入

本任务要求完成如图 4-4-1 所示水果叉的设计。水果叉由水果叉头和叉柄两部分组成，在造型设计时，需要将长方体和切角圆柱体转换为"可编辑网格"并对其进行编辑。通过本任务的学习，可掌握生成网格对象的基本方法以及网格建模中常用的对"顶点""多边形"等子对象的编辑方法。

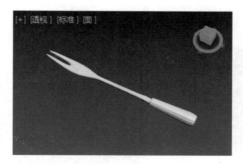

图 4-4-1   水果叉

 相关知识

一、网格建模

网格建模的思路与多边形建模的思路很接近，其不同点在于网格建模只能编辑三角面，而多边形建模对面没有任何要求。使用网格建模可以进入对象的"顶点""边""面""多边形"和"元素"子级别下对其进行编辑。与多边形对象相同，网格对象也不是创建出来的，而是塌陷出来的。将物体转换为网格对象的方法主要有以下四种。

1. 右击要塌陷的对象，选择"转换为:"→"转换为可编辑网格"，如图 4-4-2 所示。

2. 在对象的"修改"面板中，右击修改器堆栈中的对象名称，选择"可编辑网格"，如图 4-4-3 所示。

3. 选中对象，在其修改器列表中加载"编辑网格"修改器，如图 4-4-4 所示。

4. 选中对象，在其右侧命令面板中单击"实用程序"选项卡中的"塌陷"按钮，在"塌陷"卷展栏中选择输出类型为"网格"，单击"塌陷选定对象"，如图 4-4-5 所示。

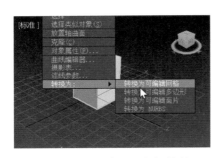

图 4-4-2　在视图中转换

图 4-4-3　通过修改器堆栈转换

图 4-4-4　通过修改器堆栈转换

图 4-4-5　通过"塌陷"转换

二、编辑网格建模与编辑多边形建模

1.多边形建模比网格建模更灵活，但中早期版本的软件中没有多边形建模方式。

2.编辑网格的基本体是三角面片，编辑多边形的基本体是任意的多边形面。

3.编辑网格和编辑多边形可以随意转换。

三、编辑网格参数对象

1.编辑网格对象种类

与编辑多边形对象相似，编辑网格对象分为两大类，一类是加载"编辑网格"修改器得到的参数对象，它保留了原始的参数，具有修改器的所有属性；另一类是塌陷转换得到的"可编辑网格"对象，也就是通过上文的 1、2、4 方法得到的"可编辑网格"对象，塌陷得到的对象将丢失全部创建参数。两者的命令面板对比如图 4-4-6 所示。

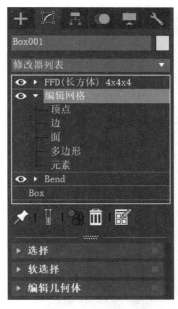

a）"编辑网格"修改器　　　　　　b）可编辑网格

图 4-4-6　命令面板对比

2.网格建模子对象

网格建模子对象包含"顶点""边""面""多边形"和"元素"5 种。网格对象的参数设置面板共有 4 个卷展栏，分别是"选择""软选择""编辑几何体"和"曲面属性"卷展栏，如图 4-4-7 所示。

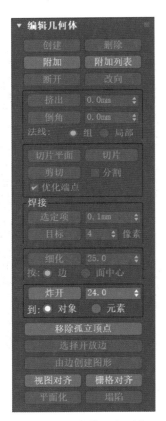

a）"选择"卷展栏

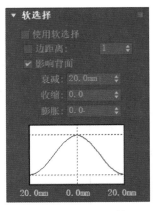

b）"软选择"卷展栏

c）"编辑几何体"卷展栏

d）"曲面属性"卷展栏

图 4-4-7　网格对象的参数设置面板

在选择不同的子集后，各卷展栏中可操作命令的激活状态会发生相应的变化，只有"曲面属性"卷展栏会切换成不同状态，各子集状态下的"曲面属性"卷展栏如图 4-4-8 所示。

a）"顶点"子集　　　　　　b）"边"子集　　　　c）"面""多边形""元素"子集

图 4-4-8　各子集状态下的"曲面属性"卷展栏

　　"编辑网格"对象与"编辑多边形"对象的各项命令和参数基本相同，重复的命令和工具可参见本项目任务 1、2、3 中的介绍。

3."选择"卷展栏重要参数

　　（1）"可编辑网格"对象中没有"可编辑多边形"对象中的"边界"按钮 ，而多了"面"按钮 。图 4-4-9 中红色三角形为"可编辑网格"对象的"面"元素，图 4-4-10中的红色四边形为"可编辑多边形"对象的"多边形"元素，"可编辑网格"对象的"多边形"元素与此相同，如图 4-4-11 所示。

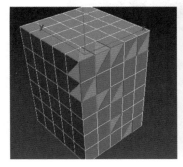

图 4-4-9　"面"元素　　图 4-4-10　"多边形"元素　　图 4-4-11　"多边形"元素

（2）忽略可见边。只有在"多边形"子集下，该复选框才可勾选。勾选该复选框后，选择多边形时会按照"平面阈值"的设置忽略可见边，提高多边形选择速度。例如，平面阈值＝10，框选多边形的结果如图 4-4-12 所示。

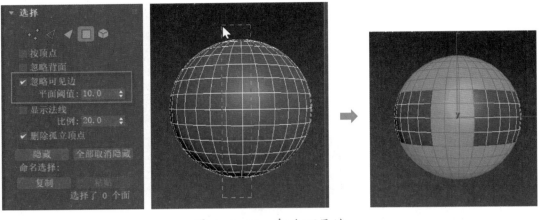

图 4-4-12　忽略可见边

（3）显示法线。勾选该复选框后，会在视图中显示法线，如图 4-4-13 所示。法线显示为蓝线，可通过"比例"值控制法线长度。在"边"子集下该功能不可用。

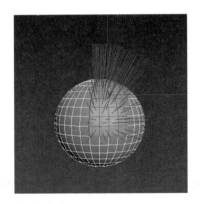

图 4-4-13　显示法线

（4）删除孤立顶点。默认勾选，勾选该复选框后，删除连续选择的子对象时，将删除所有孤立顶点。不勾选时，删除会忽略所有的顶点。在"顶点"子集下该功能不可用。

（5）隐藏。隐藏选定的子对象。在"边"子集下该功能不可用。

（6）全部取消隐藏。还原所有隐藏对象使之可见。

4."编辑几何体"卷展栏重要参数

（1）删除。删除选择的对象。

（2）附加列表。从名称列表中选择需要合并的对象进行合并，可以一次合并多个对象。

（3）断开。仅在"顶点"子集下可用，为每个附加到选定顶点的面创建新的顶点，如果顶点是孤立的或者只有一个面使用此点，则顶点将不受影响。

（4）改向。仅在"边"子集下可用，选中边后单击此按钮，然后拖动此选中边，可使得此边转向，将此面改为另一种对角方式，从而使三角面的划分方式发生改变，通常用于处理不正常的扭曲裂痕效果。

（5）法线。对"挤出"和"倒角"可用。选择"组"单选按钮时，选择的面片将沿着面片组平均法线方向挤出。选择"局部"单选按钮时，面片将沿着自身法线方向挤出。

（6）焊接。仅在"顶点"子集下可用，有两种焊接方法。"选定项"按钮用于焊接在焊接阈值范围内的选定顶点。"目标"按钮用于在视图中将选择的点（或点集）拖动到焊接的顶点上（尽量接近），实现自动焊接。

（7）细化。根据细化方式对选择表面进行分裂复制处理，产生更多的表面用于平滑需要。

边。以选择面的边为依据进行分裂复制。

面中心。以选择面的中心为依据进行分裂复制。

（8）炸开。可以将当前选择面爆炸分离，各自独立。

对象。将所有面爆炸为各自独立的新对象。

元素。将所有面爆炸为各自独立的新元素，但仍属于对象本身。

（9）移除孤立顶点。删除所有孤立的点，不管是否选择该点。

（10）选择开放边。仅在"边"子集下可用，将选择对象中的所有开放边缘线。

（11）由边创建图形。仅在"边"子集下可用，在选择一条或多条边后，单击此按钮将以选择的边为模板创建新的曲线，会弹出"创建图形"对话框，如图4-4-14所示，可在对话框中设置"曲线名""图形类型"等参数。

图4-4-14 "创建图形"对话框

（12）平面化。将所有选择的子对象强制压到同一平面上，如图4-4-15所示。

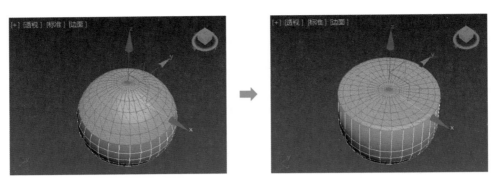

图 4-4-15　平面化

（13）塌陷。将选择的子对象删除，留下 1 个顶点与四周的面连接，产生新的表面，如图 4-4-16 所示。

图 4-4-16　塌陷

📖 任务实施

一、建立文件

打开软件，执行"文件"→"保存"命令，建立名为"4_4 水果叉 .max"的文件；检查文件，确定单位设置为毫米。

二、制作水果叉头

1. 执行"创建"→"几何体"→"标准基本体"→"长方体"命令，在顶视图中绘制长方体，参数设置为长度 =100 mm、宽度 =40 mm、高度 =8 mm、长度分段 =2、宽度分段 =3，如图 4-4-17 所示。

2. 右击长方体，在弹出的菜单中选择"转换为可编辑网格"。

3. 在"可编辑网格"下选择"顶点"子集，在顶视图中用"选择并均匀缩放"工具拖动 X 轴，使其底部结构缩小，如图 4-4-18 所示。

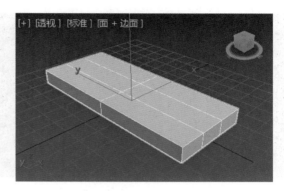

图 4-4-17　绘制长方体

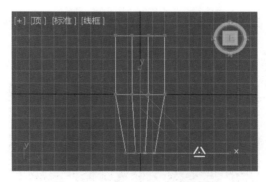

图 4-4-18　缩小底部结构

4. 切换为"多边形"子集，选择叉子前端两多边形，然后在"编辑几何体"卷展栏中"挤出"命令后的文本框中输入"50 mm"，单击"确定"按钮，参数设置及挤出效果如图 4-4-19 所示。

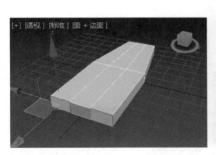

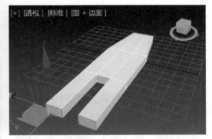

图 4-4-19　"挤出"50 mm

5. 切换回"顶点"子集，使用"选择并均匀缩放"工具在顶视图中拖动 X 轴，将水果叉头向内缩放至如图 4-4-20 所示位置；切换至透视图，使用"选择并移动"工具将其沿 Z 轴向上移动一定距离，效果如图 4-4-21 所示。

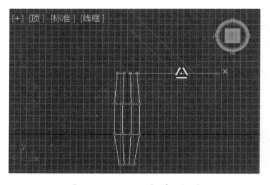

图 4-4-20　向内缩放

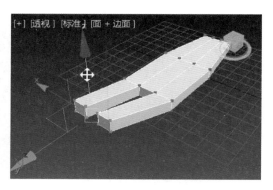

图 4-4-21　向上移动

6. 保持"顶点"子集，选择如图 4-4-22 所示顶点，在顶视图中沿 Y 轴向下移动一定距离。

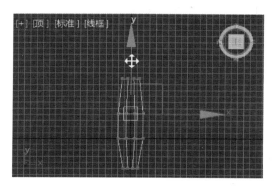

图 4-4-22　沿 Y 轴向下移动

7. 切换到"多边形"子集，选择如图 4-4-23 所示多边形，在"编辑几何体"卷展栏中"挤出"命令后的文本框中输入"20 mm"，单击"确定"按钮。

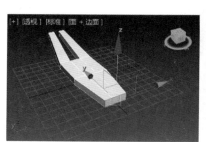

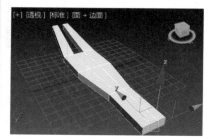

图 4-4-23　"挤出"20 mm

8. 再执行 3 次第 7 步的"挤出 20 mm"后，切换到"顶点"子集，移动调整各顶点到如图 4-4-24 所示位置。

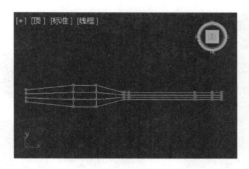

图 4-4-24　移动调整各顶点

9. 保持"顶点"子集，选中叉头末端的两圈端点，用"选择并缩放"工具将其整体放大，效果如图 4-4-25 所示。

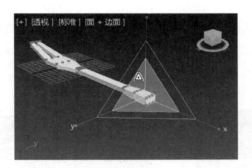

图 4-4-25　放大末端的两圈端点

10. 切换为"边"子集，选择如图 4-4-26 所示边线，在"编辑几何体"卷展栏中"切角"命令后的文本框中输入"3 mm"，单击"确定"按钮。

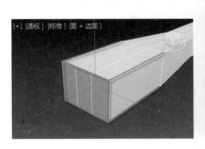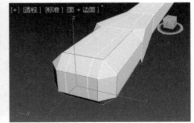

图 4-4-26　"切角"3 mm

11. 为模型加载"网格平滑"修改器，设置细分方法 =NURMS、迭代次数 =2，效果如图 4-4-27 所示。

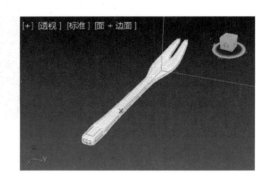

图 4-4-27　加载"网格平滑"修改器

三、制作叉柄

1. 执行"创建"→"几何体"→"扩展基本体"→"切角圆柱体"命令，在前视图中绘制切角圆柱体，参数设置为半径 =12 mm、高度 =-120 mm、圆角 =3 mm、圆角分段 =3，如图 4-4-28 所示。

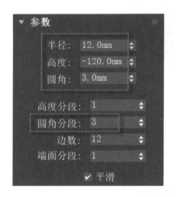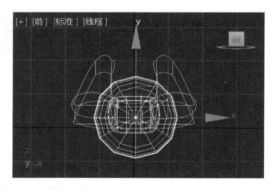

图 4-4-28　绘制切角圆柱体

2. 右击该切角圆柱体，在弹出的菜单中选择"转换为可编辑网格"。

3. 选择切角圆柱体"可编辑网格"下的"顶点"子集，在顶视图中选择叉柄后部的顶点，用"选择并均匀缩放"工具放大叉柄后部，如图 4-4-29 所示；然后再向左拖动 Y 轴，调整叉柄后部形状，如图 4-4-30 所示。

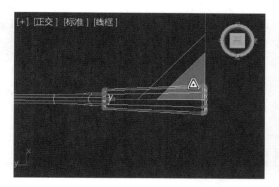

图 4-4-29　放大叉柄后部

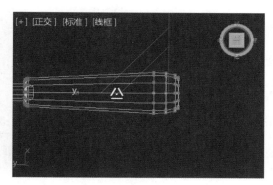

图 4-4-30　调整叉柄后部形状

4. 对齐水果叉头和叉柄，最终效果如图 4-4-1 所示。

小贴士

"可编辑网格"中"焊接目标模式"快捷键（"Alt+W"）与视口切换快捷键相同，会使四视口与单视口切换快捷键失效，给操作带来一些麻烦。解决方法是，执行菜单栏中"自定义"→"自定义用户界面…"命令，在弹出的"自定义用户界面"对话框中选择"键盘"→"组：编辑 / 可编辑网格"→"焊接目标模式"，选中"焊接目标模式"后，单击右侧的"移除"按钮，将其快捷键移除。

四、保存、导出模型

保存"4_4 水果叉 .max"文件，导出"4_4 水果叉 .STL"文件，为打印做准备。

思考与练习

1. 网格建模和多边形建模的区别是什么？
2. 用网格建模的方法制作如图 4-4-31 所示的简约圆凳。

图 4-4-31　简约圆凳

任务 1　制作拉膜凉亭

 学习目标

1. 了解 NURBS 对象的分类。
2. 掌握创建 NURBS 对象的方法。
3. 能使用 NURBS 创建工具箱各参数命令。
4. 能用 NURBS 曲线快速制作藤类模型。
5. 能用 NURBS 曲面建模的方式制作带有复杂曲面的模型。

 任务引入

本任务要求完成如图 5-1-1 所示拉膜凉亭的设计。拉膜凉亭由拉膜、拉膜支架和拉线三部分组成。在造型设计时，需要创建 NURBS 曲面、圆柱体和"线"样条线，并对其进行转换、挤出、插入、切角、渲染等操作。通过本任务的学习，可掌握 NURBS 曲线和 NURBS 曲面创建的几种基本方法。

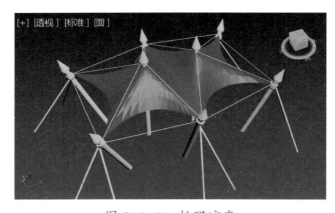

图 5-1-1　拉膜凉亭

246

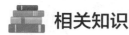 **相关知识**

一、NURBS 建模

NURBS 是 non-uniform rational B-spline 的英文缩写，意为非均匀有理 B 样条曲线，大多数高级三维软件都支持这种建模方式。NURBS 建模能够完美地表现出曲面模型，并且易于修改和调整，能够比传统的建模方式更好地控制物体表面的曲线，使造型更逼真、生动，适于设计有光滑表面的曲面造型。

NURBS 建模通常用于制作较为复杂的模型。如果模型比较简单，使用它反而比其他方法需要更多的拟合。另外，它不适合创建带有尖锐拐角的模型。

NURBS 造型系统由点、曲线和曲面 3 种元素构成，曲线和曲面又分为标准和 CV 型，创建它们既可以在"创建"面板内完成，也可以在 NURBS 造型内部完成。

二、NURBS 对象类型

NURBS 对象包含 NURBS 曲面和 NURBS 曲线两种，如图 5-1-2 和图 5-1-3 所示。

 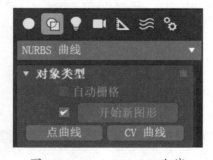

图 5-1-2　NURBS 曲面　　　图 5-1-3　NURBS 曲线

1. 创建 NURBS 对象的方法

（1）执行"创建"→"几何体"→"NURBS 曲面"→"点曲面"（或"CV 曲面"）命令，在视图中通过鼠标点选的方式创建。

（2）执行"创建"→"图形"→"NURBS 曲线"→"点曲线"（或"CV 曲线"）命令，在视图中通过鼠标点选的方式创建。

2.NURBS 的对象种类

（1）点曲面。由矩形点的阵列构成的曲面。点始终存在于曲面上，创建时可以修改它的长度、宽度和各边上的点，如图 5-1-4 所示。

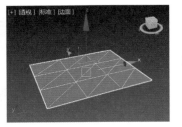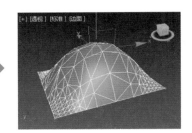

图 5-1-4　点曲面

（2）CV 曲面。是由可以控制的点组成的曲面，由控制顶点（CV）来控制模型的形状，CV 形成围绕曲面的控制晶格，而不是位于曲面上。每一个控制顶点都可以通过权重值调节，以改变曲面的形状，如图 5-1-5 所示。

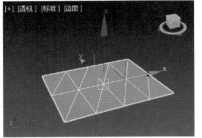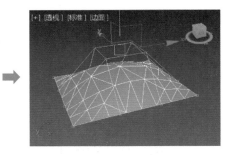

图 5-1-5　CV 曲面

（3）点曲线。由一系列点弯曲构成的曲线，与"线"工具相同，每个点始终位于曲线上，如图 5-1-6 所示。

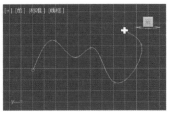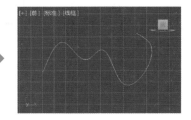

图 5-1-6　点曲线

（4）CV 曲线。由控制顶点（CV）来控制曲线形状，这些控制顶点（除两端端点）不在曲线上，如图 5-1-7 所示。

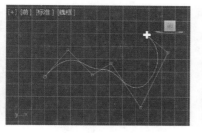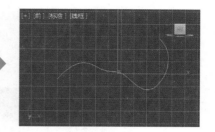

图 5-1-7　CV 曲线

3. 转换为 NURBS 对象的方法

NURBS 对象可以直接创建出来，也可以通过转换的方法得到。将对象转换为 NURBS 对象的方法主要有以下三种。

（1）右击对象，选择"转换为"→"转换为 NURBS"，如图 5-1-8 所示。

（2）在对象的"修改"面板中，右击修改器堆栈中的对象名称，选择"NURBS"，如图 5-1-9 所示。

（3）加载"挤出"或"车削"修改器后，在"参数"卷展栏中设置输出为"NURBS"，如图 5-1-10 所示。

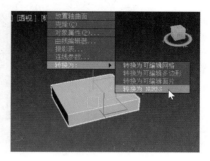

图 5-1-8　在视图中转换

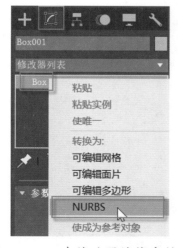

图 5-1-9　在修改器堆栈中转换　　图 5-1-10　在修改器堆栈中转换

三、编辑 NURBS 对象

在"NURBS 曲线"对象的参数设置面板中共有 6 个卷展栏，如图 5-1-11 所示，分别是"渲染""常规""曲线近似""创建点""创建曲线"和"创建曲面"卷展栏。

产品三维建模与造型设计（3ds Max）

"NURBS 曲面"对象的参数设置面板中共有 7 个卷展栏，如图 5-1-12 所示，分别是"常规""显示线参数""曲面近似""曲线近似""创建点""创建曲线"和"创建曲面"卷展栏。

图 5-1-11 "NURBS 曲线"卷展栏   图 5-1-12 "NURBS 曲面"卷展栏

1."常规"卷展栏

"常规"卷展栏（"NURBS 曲线"的"常规"卷展栏如图 5-1-13 所示，"NURBS 曲面"的"常规"卷展栏如图 5-1-14 所示）包含用于编辑 NURBS 对象的常用工具，以及一个"NURBS 创建工具箱"按钮 ▦。

图 5-1-13 "NURBS 曲线"的"常规"卷展栏   图 5-1-14 "NURBS 曲面"的"常规"卷展栏

（1）附加。将另一个对象附加到 NURBS 对象上。

（2）附加多个。将多个对象附加到 NURBS 对象上。

（3）重新定向。勾选该复选框，可以移动并重新定向正在附加或导入的对象，这样其局部坐标系就与 NURBS 对象的局部坐标系相对齐。

（4）导入。将另一个对象导入到 NURBS 对象上。与"附加"操作类似，但是导入对象保留其参数和修改器。

（5）导入多个。导入多个对象。

（6）显示。控制对象在视口中的显示方式。

2."显示线参数"卷展栏

如图 5-1-15 所示，"显示线参数"卷展栏主要用来指定显示 NURBS 曲面所用的"U 向线数"和"V 向线数"的数值。减小这些值会加快曲面的显示速度，但是其显示精确性也会降低。

图 5-1-15　"显示线参数"卷展栏

3."曲线近似"卷展栏和"曲面近似"卷展栏

"曲线近似"卷展栏如图 5-1-16 所示，"曲面近似"卷展栏如图 5-1-17 所示，它们主要控制曲线和曲面的细分。

图 5-1-16　"曲线近似"卷展栏

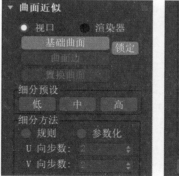

图 5-1-17　"曲面近似"卷展栏

4."创建点""创建曲线"和"创建曲面"卷展栏

"创建点"卷展栏如图 5-1-18 所示，"创建曲线"卷展栏如图 5-1-19 所示，"创建曲面"卷展栏如图 5-1-20 所示。它们中的工具与"NURBS 创建工具箱"中的工具相对应，主要用来创建点、曲线和曲面对象。

图 5-1-18　"创建点"卷展栏

图 5-1-19　"创建曲线"卷展栏　　　　图 5-1-20　"创建曲面"卷展栏

 小贴士

扫描右侧二维码，可了解"NURBS 创建工具箱"的功能。

 任务实施

一、建立文件

打开软件，执行"文件"→"保存"命令，建立名为"5_1 拉膜凉亭 .max"的文件；检查文件，确定单位设置为毫米。

二、制作拉膜

1. 执行"创建"→"几何体"→"NURBS 曲面"→"CV 曲面"命令，在顶视图中创建曲面，并设置参数：长度 =1 000 mm、宽度 =2 000 mm、长度 CV 数 =7、宽度 CV 数 =5，如图 5-1-21 所示。

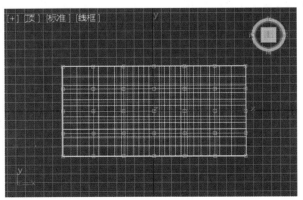

图 5-1-21　创建 CV 曲面

2. 在右侧"修改"面板中，选择"NURBS 曲面"下的"曲面 CV"子集，在顶视图中对绿色的 CV 控制点进行移动和缩放，形状调节后的效果如图 5-1-22 所示。

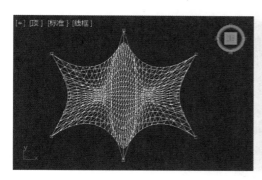
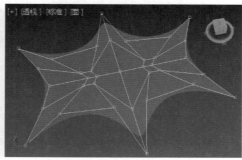

图 5-1-22　移动和缩放 CV 控制点

3. 保持"曲面 CV"子集，选中两汇聚中心的 12 个点，在前视图中将选中的点沿 Y 轴向上移动，效果如图 5-1-23 所示。

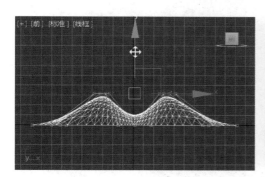

图 5-1-23　沿 Y 轴向上移动

三、制作拉膜支架

1. 执行"创建"→"几何体"→"标准基本体"→"圆柱体"命令，在顶视图中创建圆柱体，并设置参数：半径 =30 mm、高度 =-800 mm、高度分段 = 端面分段 =1，如图 5-1-24 所示。

2. 右击圆柱体，在弹出的菜单中选择"转换为可编辑多边形"。

3. 选择"可编辑多边形"的"多边形"子集，选中圆柱体的上表面，执行"挤出"命令，设置高度 =20 mm，如图 5-1-25 所示；接着执行"轮廓"命令，设置数量 =16 mm，如图 5-1-26 所示。

4. 继续执行"挤出"命令，设置高度 =50 mm，如图 5-1-27 所示；接着执行"插入"命令，设置数量 =15 mm，如图 5-1-28 所示。

图 5-1-24　创建圆柱体

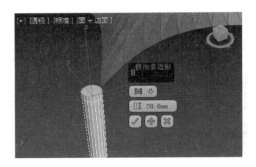

图 5-1-25　挤出

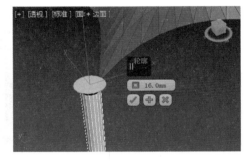

图 5-1-26　轮廓

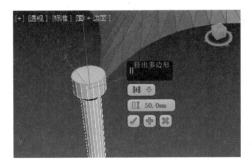

图 5-1-27　挤出

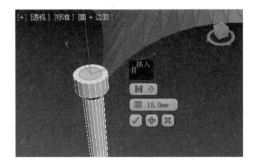

图 5-1-28　插入

　　5.继续执行"挤出"命令，设置高度=60 mm，如图5-1-29所示；接着执行"倒角"命令，设置高度=0 mm、数量=20 mm，如图5-1-30所示。

　　6.继续执行"挤出"命令，设置高度=20 mm，如图5-1-31所示；接着执行"倒角"命令，设置高度=150 mm、数量=-50 mm，如图5-1-32所示。

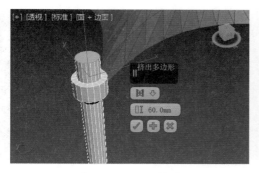

图 5-1-29　挤出

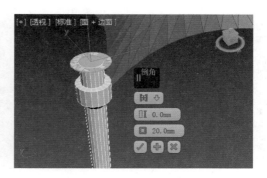

图 5-1-30　倒角

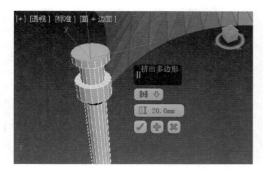

图 5-1-31　挤出

图 5-1-32　倒角

7. 选中该支架，用按住"Shift"键移动复制的方法，选择"实例"，复制出 5 个副本，并移动到指定位置，如图 5-1-33 所示。

8. 旋转调整各个支架的位置，如图 5-1-34 所示。

9. 再用按住"Shift"键移动复制的方法，复制出 1 根支架，如图 5-1-35 所示；切换到"顶点"子集，选中如图 5-1-36 所示的顶点沿 Y 轴向上移动，调整其长度。

10. 将拉长的中心支架用第 7 步的方法复制出 1 个"实例"副本，并将两根中心支架移动到适当位置，如图 5-1-37 所示。

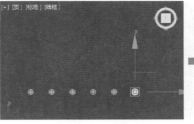
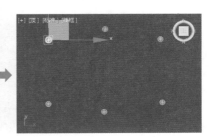

图 5-1-33　移动复制

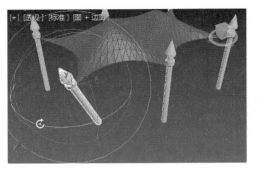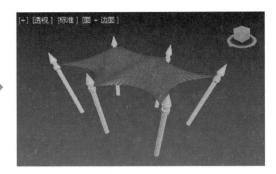

图 5-1-34 旋转调整

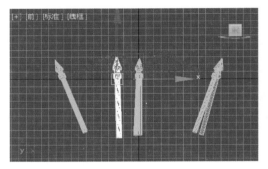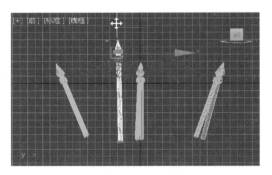

图 5-1-35 移动复制　　　　　　　　图 5-1-36 移动顶点

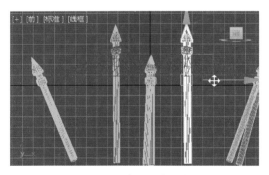

图 5-1-37 复制并调整位置

四、制作拉线

1. 执行"创建"→"图形"→"样条线"→"线"命令，在顶视图中绘制 26 条直线，如图 5-1-38 所示。

2. 在"修改"面板中，将外部的 12 条直线用"几何体"卷展栏中的"附加"命令附加到一起，如图 5-1-39 所示；切换至前视图，将每条线段的外侧移动到支架底部的同一水平线上，如图 5-1-40 所示。

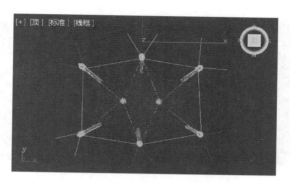

图 5-1-38　绘制"线"样条线

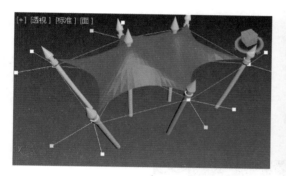

图 5-1-39　附加

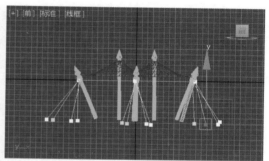

图 5-1-40　移动调整至同一水平线上

3.在"渲染"卷展栏中设置其径向厚度 =20 mm，效果如图 5-1-41 所示。

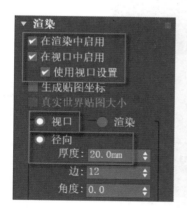

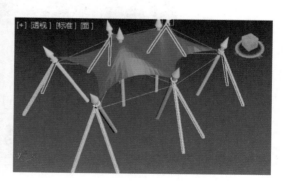

图 5-1-41　渲染

4.同样，将剩余的 14 条线附加在一起，并在前视图中向上移动到相应高度，如图 5-1-42 所示。在"渲染"卷展栏中设置径向厚度 =4 mm，效果如图 5-1-43 所示。

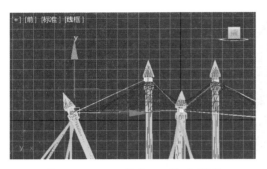

图 5-1-42　附加、移动调整

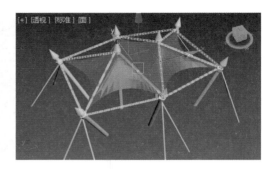

图 5-1-43　最终效果

五、保存、导出模型

保存"5_1 拉膜凉亭 .max"文件，导出"5_1 拉膜凉亭 .STL"文件，为打印做准备。

 思考与练习

用 NURBS 建模的方法制作如图 5-1-44 所示的座椅。

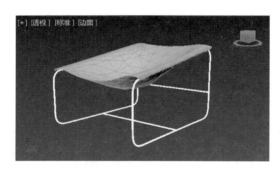

图 5-1-44　座椅

任务 2　制作马蹄莲花

 学习目标

1. 了解面片建模的方法。

2.熟练掌握样条线"网"和"框"的生成方法。

3.能通过加载"曲面"修改器，使样条线生成曲面模型。

 **任务引入**

　　本任务要求完成如图 5-2-1 所示马蹄莲花的制作。马蹄莲花由花朵主体、花蕊和枝干三部分组成。在造型设计时，需要进行曲面建模，并对曲面和可编辑样条线进行编辑。通过本任务的学习，可掌握曲面建模的基本方法以及编织线架结构的技巧，打开曲面模型创建的新思路。

图 5-2-1　马蹄莲花

 相关知识

一、面片建模

　　面片建模相对于 NURBS 曲面建模要简单得多。因为面片建模中没有太多的命令，经常用到的有"添加三角形面片""添加矩形面片"和"焊接"命令。但面片建模对设计者的空间感要求较高，而且要求设计者对模型的形体结构有充分的认识，最好可以参照实物模型。在面片建模的学习过程中，艺术修养和设计者的耐心共同决定了模型的最终效果。

　　面片建模是一种表面建模方式，即通过面片栅格制作表面并对其进行修改完成模型的创建工作。3ds Max 中的面片类型有两种：四边形面片和三角形面片。这两种面片的组成单元不同，前者为四边形，后者为三角形，如图 5-2-2 所示。

图 5-2-2　面片类型

1. 创建面片对象的方法

执行"创建"→"几何体"→"面片栅格"→"四边形面片"（或"三角形面片"）命令，在视图中通过鼠标点选的方式创建面片。

2. 转换为"可编辑面片"的方法

如果需要对创建的面片进行修改，必须转换为"可编辑面片"，3ds Max 提供了 3 种转换为"可编辑面片"的途径。

（1）右击创建好的面片，在弹出的菜单中选择"转换为："→"转换为可编辑面片"，如图 5-2-3 所示。

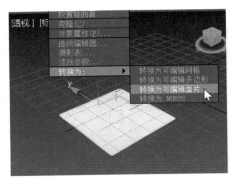

图 5-2-3　在视图中转换

（2）在对象的"修改"面板中，右击修改器堆栈中的对象名称，选择"可编辑面片"，如图 5-2-4 所示。

（3）选中对象，在修改器列表中加载"编辑面片"修改器，如图 5-2-5 所示。

 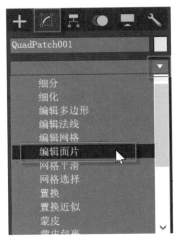

图 5-2-4　通过修改器堆栈转换　　图 5-2-5　通过修改器堆栈转换

小贴士

如果是栅格面片进行转换一般选前两种方法，此外，线框、几何体、平面也可以通过上述 3 种方法转换为"可编辑面片"对象。

二、编辑面片对象

"可编辑面片"和"编辑面片"均包括 5 个子对象，分别为"顶点""边""面片""元素"和"控制柄"，如图 5-2-6 所示。"可编辑面片"和"编辑面片"的参数设置面板均有 4 个卷展栏，分别是"选择""软选择""几何体"和"曲面属性"卷展栏。

图 5-2-6 "可编辑面片"和"编辑面片"

1. "选择"卷展栏

"选择"卷展栏如图 5-2-7 所示，主要介绍子物体层级按钮。

（1）顶点 ![icon]。选择面片对象中的顶点控制点及其向量控制柄。向量控制柄显示为围绕选定顶点的小型绿色方框。

（2）控制柄 ![icon]。选择与每个顶点关联的向量控制柄。位于该层级时，可以对控制柄进行操纵，而无须对顶点进行处理。

（3）边 ![icon]。选择面片对象的边界边。

（4）面片 ![icon]。选择整个面片。

（5）元素 ![icon]。选择和编辑整个元素。元素的面是连续的。

图 5-2-7 "选择"卷展栏

2."几何体"和"曲面属性"卷展栏

"几何体"和"曲面属性"卷展栏如图 5-2-8 所示。选择子对象层级后，相应的面板和命令按钮将被激活，这些面板和命令与前面介绍的相同，这里不再重复介绍。

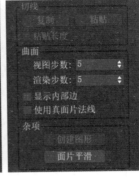

a）"几何体"卷展栏   b）"曲面属性"卷展栏

图 5-2-8　"几何体"和"曲面属性"卷展栏

三、"曲面"修改器

1."曲面"修改器的作用

"曲面"修改器通过基于样条线网络的轮廓生成面片曲面，可以在三面体或四面体的交织样条线分段的任何位置创建面片。

在"可编辑样条线"修改器或"编辑样条线"修改器中创建和编辑样条线是使用"曲面"工具建模的主要工作。使用"曲面"修改器建模的好处是易于编辑模型。

2."曲面"修改器的常用参数

"曲面"修改器的"参数"卷展栏如图 5-2-9 所示。

（1）阈值。确定用于焊接样条线对象顶点的总距离。

（2）翻转法线。勾选该复选框，可以翻转面片曲面的法线方向。

（3）移除内部面片。勾选该复选框，可以移除对象内部看不见的面片。

（4）仅使用选定分段。勾选该复选框，可以只使用"编辑样条线"修改器中选定的分段来创建面片。

（5）步数。确定在每个顶点间使用的步数，步数值越高，得到的顶点之间的曲线就越平滑。

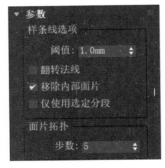

图 5-2-9　"曲面"修改器的"参数"卷展栏

四、样条线网架搭建方式

1. 织网式

绘制好的"可编辑样条线"可以使用"几何体"卷展栏中的"创建线"命令，在样条线间创建线条，形成网络，如图 5-2-10 所示。

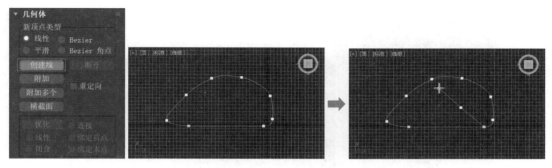

图 5-2-10　织网式

2. "连接复制"法

在"可编辑样条线"的"线段"或"样条线"子集下，勾选"几何体"卷展栏中的"连接"复选框后，用按住"Shift"键移动复制或缩放复制的方法，复制关联样条线，如图 5-2-11 所示。

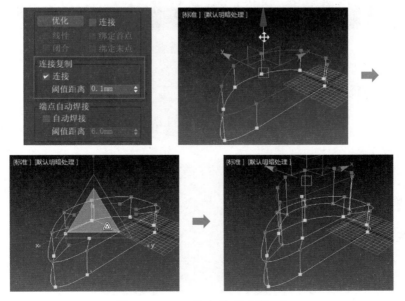

图 5-2-11　"连接复制"法

3. 横截面"附加"法

绘制位于不同平面的样条线框（节点数相同）。首先在"可编辑样条线"的"几何体"卷展栏中，通过"附加"命令，依次将样条线框附加成整体，如图 5-2-12 所示；再单击"几何体"卷展栏中的"横截面"按钮，依次选择不同截面的样条线框，如图 5-2-13 所示（如果能保证附加顺序准确，也可用加载"横截面"修改器的方式替换此步操作）。

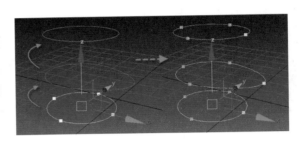

图 5-2-12　附加

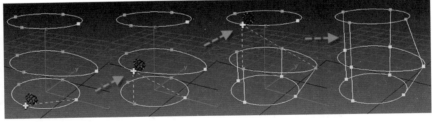

图 5-2-13　横截面

📖 任务实施

一、建立文件

打开软件，执行"文件"→"保存"命令，建立名为"5_2 马蹄莲花 .max"的文件；检查文件，确定单位设置为毫米。

二、制作花朵主体

1. 执行"创建"→"图形"→"样条线"→"螺旋线"命令，在顶视图中绘制螺旋线，参数设置为半径 1=150 mm、半径 2=135 mm、圈数 =1.1，如图 5-2-14 所示。

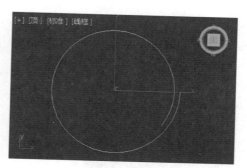

图 5-2-14　绘制螺旋线

2. 右击螺旋线，在弹出的菜单中选择"转换为可编辑样条线"。

3. 打开右侧"修改"面板，选择"可编辑样条线"层级下"样条线"子集，在"几何体"卷展栏中单击"轮廓"按钮，在其对应的文本框中输入"-3.5 mm"，如图 5-2-15 所示。

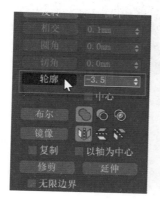
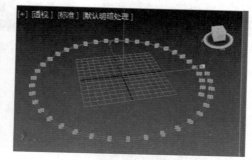

图 5-2-15　轮廓

4. 切换为"顶点"子集，调整螺旋线两侧的端点控制柄，更改图形形状如图 5-2-16 所示。

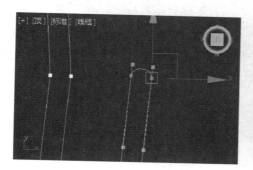
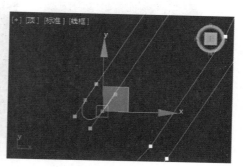

图 5-2-16　调整端点控制柄

5.切换为"样条线"子集，在"几何体"卷展栏中勾选"连接"复选框，在场景中按住"Shift"键，使用"选择并移动"工具在前视图中沿 Y 轴向上移动复制样条线，如图 5-2-17 所示。

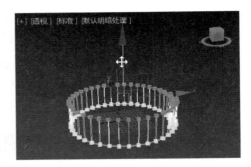

图 5-2-17　连接复制

6.取消勾选"几何体"卷展栏中的"连接"复选框，在"软选择"卷展栏中勾选"使用软选择"复选框，设置衰减 = 收缩 = 膨胀 =0，在场景中缩放样条线，如图 5-2-18 所示。

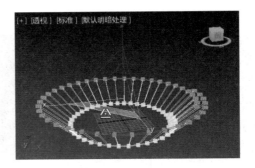

图 5-2-18　缩放

7. 取消勾选"使用软选择"复选框，在"几何体"卷展栏中勾选"连接"复选框，并按住"Shift"键移动复制样条线，如图 5-2-19 所示。

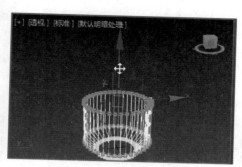

图 5-2-19　连接复制

8. 重复 1 次第 6 步的缩放后，再重复 1 次第 5 步到第 6 步的操作，效果如图 5-2-20 所示。

9. 保持勾选"使用软选择"复选框的状态，在前视图中旋转样条线，效果如图 5-2-21 所示。

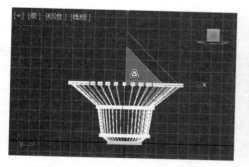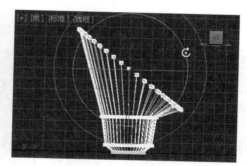

图 5-2-20　连接复制、缩放　　　　图 5-2-21　旋转样条线

10. 切换为"顶点"子集，调整顶点，保持勾选"使用软选择"复选框的状态，在前视图中旋转样条线，顶视图和前视图效果如图 5-2-22 所示。

11. 保持"顶点"子集，在"几何体"卷展栏中执行"创建线"命令，然后单击"捕捉开关"按钮，捕捉连接顶部对应顶点，效果如图 5-2-23 所示。

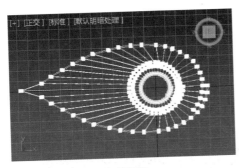

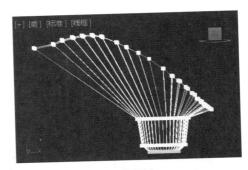

a）顶视图   b）前视图

图 5-2-22   调整顶点

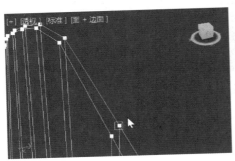

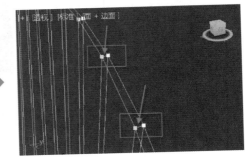

图 5-2-23   捕捉连接对应顶点

12. 全选顶点并右击，在弹出的菜单中选择"平滑"，然后在"几何体"卷展栏中单击"焊接"按钮，如图 5-2-24 所示。

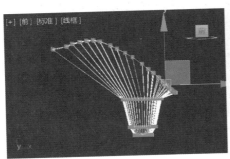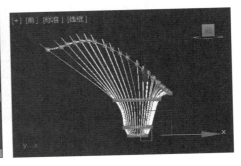

图 5-2-24   平滑、焊接

13. 关闭子集，加载"曲面"修改器，如果发现模型颜色为黑色，应在"参数"卷展栏中勾选"翻转法线"复选框，参数设置及模型效果如图 5-2-25 所示。

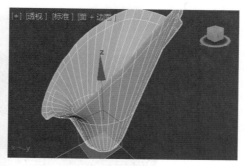

图 5-2-25　加载"曲面"修改器

14. 加载"壳"修改器，参数设置为外部量 =2 mm，参数设置及模型效果如图 5-2-26 所示。

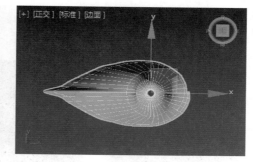

图 5-2-26　加载"壳"修改器

三、制作花蕊模型

1. 执行"创建"→"几何体"→"扩展基本体"→"切角圆柱体"命令，在顶视图中绘制切角圆柱体，参数设置为半径 =50 mm、高度 =600 mm、圆角 =30 mm、高度分段 =10、圆角分段 =3，如图 5-2-27 所示。

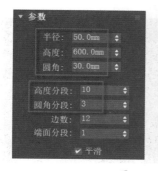
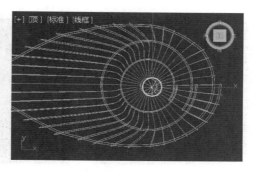

图 5-2-27　绘制切角圆柱体

2. 在前视图中旋转模型至如图 5-2-28 所示位置。

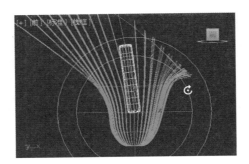

图 5-2-28　旋转

3. 为切角圆柱体加载"弯曲"修改器，参数设置为角度 =-22、弯曲轴 =Z、限制效果、上限 =500 mm、下限 =-200 mm，参数设置及效果如图 5-2-29 所示。

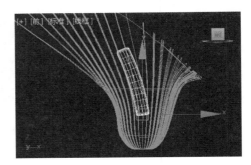

图 5-2-29　加载"弯曲"修改器

4. 继续加载"锥化"修改器，参数设置为锥化数量 =-0.16、锥化轴主轴 =Z、锥化轴效果 =XY，参数设置及效果如图 5-2-30 所示。

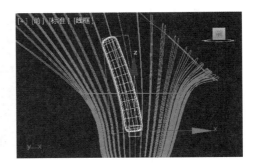

图 5-2-30　加载"锥化"修改器

四、制作枝干模型

1. 执行"创建"→"图形"→"样条线"→"线"命令，在前视图中绘制如图 5-2-31 所示线条。

2. 打开右侧"修改"面板，在"Line"的"顶点"子集下全选所有顶点并右击，在弹出的菜单中选择"Bezier 角点"，调整控制手柄修改样条线姿态，效果如图 5-2-32 所示。

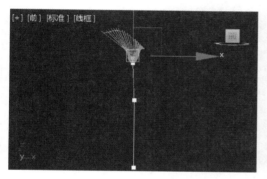

图 5-2-31　绘制"线"样条线

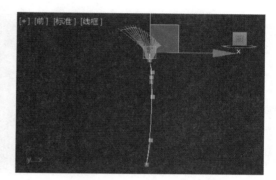

图 5-2-32　样条线姿态

3. 在"渲染"卷展栏中勾选"在渲染中启用"和"在视口中启用"复选框，设置径向厚度 =120 mm，参数设置及效果如图 5-2-33 所示。

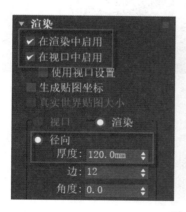

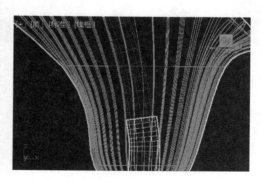

图 5-2-33　渲染

4. 将枝干与花蕊对齐，改色后效果如图 5-2-34 所示。将模型整体复制多个，调整每支花朵的姿态便可得到如图 5-2-1 所示的效果。

图 5-2-34　单支马蹄莲花

五、保存、导出模型

保存"5_2 马蹄莲花 .max"文件，导出"5_2 马蹄莲花 .STL"文件，为打印做准备。

思考与练习

参照图 5-2-35a，用面片建模的方法制作如图 5-2-35b 所示的荷花。

a）

b）

图 5-2-35　荷花

渲染

任务 1　餐厅灯光效果渲染

 学习目标

1. 了解灯光的种类及作用。
2. 初步掌握常用灯光的基本参数。
3. 掌握室内场景布光的操作流程。

 任务引入

本任务要求完成如图 6-1-1 所示餐厅效果图的制作。通过在模型场景中架设摄像机，调整渲染出图视角，结合场景中不同物体的自身特点为场景添加光源，照亮场景中的物体并为渲染输出烘托气氛。

图 6-1-1　餐厅灯光效果

📚 相关知识

一、灯光的种类及作用

1. 灯光的种类

3ds Max 2018 中包含三种类型的灯光，分别是"光度学"灯光（见图 6-1-2）、"标准"灯光（见图 6-1-3）和"VRay"灯光（见图 6-1-4）。

图 6-1-2 "光度学"灯光　　图 6-1-3 "标准"灯光　　图 6-1-4 "VRay"灯光

2. 灯光的作用

灯光的作用是让场景中的物体产生影子，呈现出三维立体效果，不同的灯光可以营造出不同的视觉效果，灯光类别及作用见表 6-1-1。

▼ 表 6-1-1　灯光类别及作用

灯光类别	灯光名称	灯光作用
"光度学"灯光	目标灯光	模拟筒灯、射灯、壁灯等
	自由灯光	模拟发光球、台灯等
	太阳定位器	模拟天空照明
"标准"灯光	目标聚光灯	用于创建目标聚光灯
	自由聚光灯	用于创建自由聚光灯
	目标平行光	用于创建目标平行光
	自由平行光	用于创建自由平行光
	泛光	用于创建泛光
	天光	用于创建天光
"VRay"灯光	VRayLight	模拟室内环境的任何光源
	VRaySun	模拟真实的室外太阳光

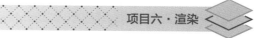

二、常用灯光基本参数

1. "常规参数"卷展栏

常用灯光的"常规参数"卷展栏如图 6-1-5 所示。

（1）灯光属性

1）启用。控制是否开启灯光。

2）目标。勾选该复选框，可以开启目标灯光的目标点。

（2）阴影

1）启用。控制是否开启灯光的阴影效果。

2）使用全局设置。勾选该复选框，当前选定灯光投射的阴影将影响整个场景的阴影效果。

3）阴影类型列表。设置渲染器渲染场景时使用的阴影类型，如图 6-1-6 所示。

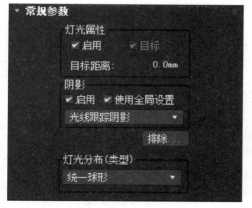

图 6-1-5　"常规参数"卷展栏

图 6-1-6　阴影类型列表

（3）排除

单击"排除…"按钮，可以弹出"排除 / 包含"对话框，将选定的对象排除于灯光之外，如图 6-1-7 所示。

（4）灯光分布（类型）

设置灯光的分布类型，如图 6-1-8 所示。

2. "强度 / 颜色 / 衰减"卷展栏

"强度 / 颜色 / 衰减"卷展栏如图 6-1-9 所示。

（1）颜色

1）灯光。选择公用灯光类型。

2）开尔文。通过调整该数值来设置灯光的颜色。

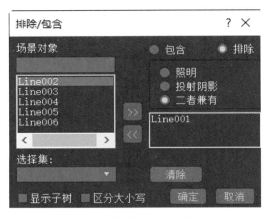

图 6-1-7 "排除 / 包含"对话框　　　图 6-1-8　灯光分布（类型）

（2）强度

1）lm（流明）。光通量单位，100 W 的通用灯泡约有 1 750 lm 的光通量。

2）cd（坎德拉）。发光强度单位，为一光源在给定方向上的发光强度，100 W 通用灯泡的发光强度约为 139 cd。

3）lx（勒克斯）。照度单位，为主体表面单位面积上所得的光通量。

（3）暗淡

1）结果强度。用于显示暗淡所产生的强度。

2）暗淡百分比。用于降低灯光强度的"倍增"。

（4）远距衰减

1）使用。勾选该复选框，可以启用灯光的远距衰减。

2）显示。勾选该复选框，可以在视口中显示距离衰减的范围设置。

图 6-1-9 "强度 / 颜色 / 衰减"卷展栏

3）开始。灯光开始淡出的距离。

4）结束。灯光减为 0 时的距离。

3. "图形 / 区域阴影"卷展栏

"图形 / 区域阴影"卷展栏如图 6-1-10 所示。

（1）从（图形）发射光线。选择阴影生成的图形类型。

（2）灯光图形在渲染中可见。勾选该复选框后，如果灯光对象位于视野之内，灯光图形在渲染中会显示为自供照明的图形。

4."阴影参数"卷展栏

"阴影参数"卷展栏如图 6-1-11 所示。

（1）对象阴影

1）颜色。设置灯光阴影的颜色。

2）密度。设置灯光阴影的密度。

3）贴图。勾选该复选框后，灯光的阴影可以是贴图。

（2）大气阴影。勾选"启用"复选框后，有灯光穿过大气的投影效果。

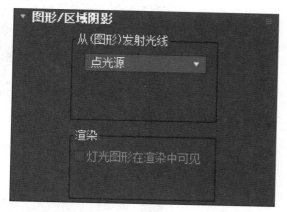

图 6-1-10 "图形 / 区域阴影"卷展栏

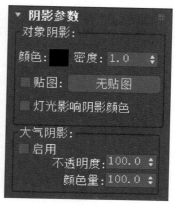

图 6-1-11 "阴影参数"卷展栏

5."阴影贴图参数"卷展栏

"阴影贴图参数"卷展栏如图 6-1-12 所示。

（1）偏移。阴影离开物体的距离。

（2）大小。灯光阴影贴图的大小。

（3）采样范围。阴影内区域的平均数量。

6."大气和效果"卷展栏

"大气和效果"卷展栏如图 6-1-13 所示。

图 6-1-12 "阴影贴图参数"卷展栏

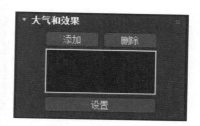

图 6-1-13 "大气和效果"卷展栏

（1）添加。单击"添加"按钮可以打开"添加大气或效果"对话框，将大气或渲染效果添加到灯光中。

（2）删除。在"大气和效果"列表中选择大气或效果，单击该按钮可以将其删除。

（3）设置。对"大气和效果"列表中的选项进行更多的设置。

7."高级效果"卷展栏

"高级效果"卷展栏如图 6-1-14 所示。

（1）对比度。可以调节最亮区域和最暗区域的对比度，取值范围为 0~100，默认值为 0。

（2）柔化漫反射边。数值越小反射区域边缘越柔和。

（3）漫反射。取消勾选该复选框，将不会渲染漫反射区域。

（4）高光反射。取消勾选该复选框，将不会渲染高光反射区域。

图 6-1-14 "高级效果"卷展栏

三、"VRay"灯光重要参数

1."一般"卷展栏

"一般"卷展栏如图 6-1-15 所示。

（1）开。控制是否开启"VRay"灯光。

（2）半长。灯光的长度。

（3）半高。灯光的高度。

（4）倍增器。"VRay"灯光的强度。

2."选项"卷展栏

"选项"卷展栏如图 6-1-16 所示。

（1）投射阴影。控制是否对物体的光照产生阴影。

（2）双面。勾选该复选框，可以使正反面同时发光。

图 6-1-15 "一般"卷展栏

（3）不可见。勾选该复选框，可以不显示光源的形状。

（4）不衰减。勾选该复选框，可以不计算灯光的衰减效果。

（5）天光入口。勾选该复选框，"VRayLight"将转换为"天光"，变成间接照明（GI）。

（6）影响漫反射。控制是否影响物体材质属性的漫反射。

（7）影响镜面。控制是否影响物体材质属性的高光。

（8）影响反射。勾选该复选框后，灯光将对物体的反射区进行光照，影响物体反射。

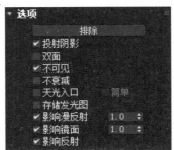

图 6-1-16 "选项"卷展栏

任务实施

一、建立文件

打开"项目六\任务 1\模型\餐厅 start.max"文件，观察各视口中物体模型的位置关系，打开效果如图 6-1-17 所示。

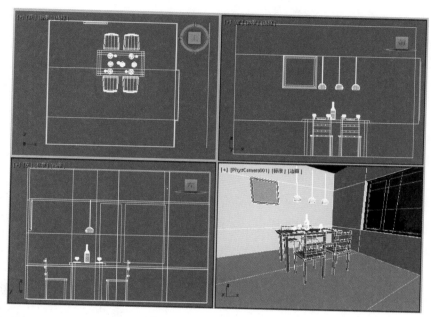

图 6-1-17　打开文件

🦋 小贴士

由于不同计算机的系统设置不同，提供的源文件素材复制到其他计算机上可能会出现找不到贴图路径的问题，下面提供一种快速解决这个问题的办法：

选择"文件"→"参考"→"资源追踪…"→右击有问题贴图项→"设置路径…"→通过弹出的浏览窗口，找到提供的素材文件夹→"使用路径"，即可找到贴图的路径。

二、布光及灯光参数设置

1. 在前视图中创建 1 盏"VRayLight"灯光（"一般"卷展栏中，设置灯光半长 = 1 100 mm、半高 =1 000 mm、倍增器 =0.1；"选项"卷展栏中，取消勾选"投射阴影"复选框，勾选"不可见"复选框；"采样"卷展栏中，设置细分 =8），即灯光 1，参数设置如图 6-1-18 所示，并适当调整灯光的位置。

图 6-1-18　灯光 1 参数

2. 在顶视图中创建 1 盏"VRayLight"灯光（"一般"卷展栏中，设置灯光半长 = 500 mm、半高 =150 mm、倍增器 =1.5；"选项"卷展栏中，勾选"投射阴影"复选框，勾选"不可见"复选框），即灯光 2，参数设置如图 6-1-19 所示。调整其位置到桌面以上，吊灯以下。

3. 在前视图中创建 1 盏"目标灯光"作为墙壁画的射灯光源，展开"常规参数"卷展栏中的"灯光分布（类型）"下拉菜单，选择"光度学 Web"（见图 6-1-20），然后在通道中加载"案例文件 > 灯光 >001.ies"文件，其强度参数设置如图 6-1-21 所示。

4. 在顶视图中创建 3 盏"泛光"灯，调整灯光的位置，将它们分别摆放到 3 个吊灯的球心位置（"强度 / 颜色 / 衰减"卷展栏中，设置倍增 =0.01；勾选"远距衰减"中的"使用"和"显示"复选框，设置开始 =80 mm, 结束 =200 mm），参数设置如图 6-1-22 所示。

 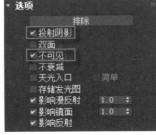

图 6-1-19　灯光 2 参数　　　　图 6-1-20　选择"光度学 Web"

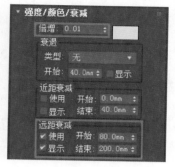

图 6-1-21　强度参数　　　　图 6-1-22　"泛光"灯参数

三、渲染及效果图保存

1. 按"F9"键测试渲染摄像机视图，如图 6-1-23 所示。

图 6-1-23　摄像机视图渲染窗口

2. 单击渲染窗口上的快捷工具按钮 ，在弹出的对话框中选择保存类型为"jpg"，文件名为"餐厅"，单击"保存"。

小贴士

三点照明就是通过 3 个光源为场景提供照明，分别是主光源、背光源和辅光源。主光源是场景中最重要的光源，是场景中主要灯光的提供者，还是场景中投射阴影的主要灯光。背光源主要用于将对象从其他背景中分离出来，以展现更深的场景，亮度要小于主光源亮度的二分之一，一般不设置阴影。辅光源是主光源的补充，用来照亮主光源漏掉的黑色区域。

 思考与练习

1. "标准"灯光有几种？它们分别用来模拟何种灯光效果？
2. "标准"灯光创建完成后，阴影是否默认生成？

任务 2　儿童自行车材质渲染

 学习目标

1. 了解材质的种类及作用。
2. 掌握常用材质的参数设置。
3. 能分析场景中物体各部分的材质，并恰当设置其参数。

 任务引入

本任务要求完成如图 6-2-1 所示儿童自行车效果图的制作。通过对模型各部分零部件材质的分析，设置各零部件的材质参数并对应赋予给模型。结合之前学过的灯光知识为场景添加光源，照亮场景中的物体并为渲染输出烘托气氛。

图 6-2-1　儿童自行车

 相关知识

一、材质的作用及应用流程

1. 材质的作用

　　材质可以表现物体的颜色、质地、纹理、透明度和光泽等特性。通过材质的应用可以模拟现实世界中各种物体的外观。

2. 材质的应用流程

　　（1）打开"材质编辑器"。

　　（2）选择 1 个材质球，指定材质名称。

　　（3）选择材质类型。

　　（4）材质参数设置，设置漫反射颜色、光泽度及不透明度等。

　　（5）将材质应用于对象。

 小贴士

　　在材质的应用过程中，有些特殊材质如金属、透明物体、凹凸物体、表面有图案物体等，需要进入贴图通道中进行设置。有的物体表面的图案是有方向的，这样的物体要在赋予它们材质前结合物体的形状对其应用 UV 贴图坐标。

二、材质编辑器

1. "材质编辑器"的打开方法

　　"材质编辑器"的打开方法有以下 3 种。

　　（1）菜单方式。单击"渲染"→"材质编辑器"→"精简材质编辑器…"，如图 6-2-2 所示。

　　（2）图标方式。单击主工具栏中的 ▦。

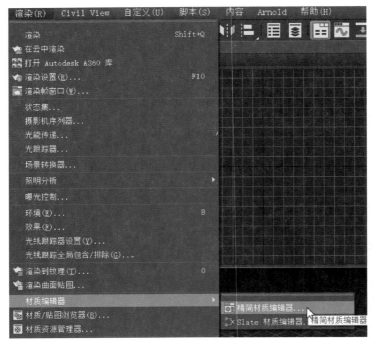

图 6-2-2 "材质编辑器"的打开

（3）快捷键方式。在英文输入状态下按"M"键。

2."材质编辑器"的组成

"材质编辑器"对话框包括菜单栏、材质示例窗、工具栏和参数控制区，如图 6-2-3 所示。

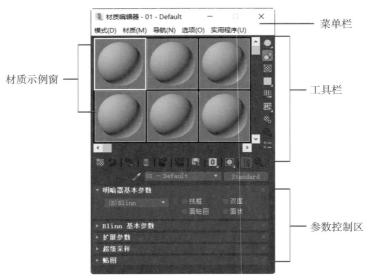

图 6-2-3 "材质编辑器"对话框

工具栏中重要工具的名称、图标及作用见表 6-2-1。

▼ 表 6-2-1　工具栏中重要工具的名称、图标及作用

名称	图标	作用
获取材质		打开"材质/贴图浏览器"对话框
将材质放入场景		更新已经应用于对象的材质
将材质指定给选定对象		将材质指定给选定的对象
重置贴图/材质为默认设置		删除已经修改过的所有属性
生成材质副本		在选定的示例图中创建当前材质的副本
使唯一		将实例化的材质设置为独立的材质
放入库		将当前材质保存到临时库中
材质 ID 通道		为后期制作设置唯一的 ID 通道
视图中显示明暗处理材质		在视图对象上显示 2D 材质贴图
显示最终结果		在实例图中显示应用的所有层次
转到父对象		从子对象返到它的父层级
转到下一个同级项		同一层级材质之间的跳转
采样类型		选择示例窗口显示类型：球体、圆柱体和立方体
背光		打开或关闭示例窗中的背景灯光
背景		在材质后面显示方格背景图，能够更好地观察带有反射和透明的材质
采样 UV 瓷砖		为示例窗的贴图设置 UV 瓷砖显示
视频颜色检查		检查当前材质中 NTSC 和 PAL 制式不支持的颜色

续表

名称	图标	作用
生成预览		用于产生、浏览和保存材质预览渲染
选项		打开"材质编辑器选项"对话框，可以启用材质动画、加载自定义背景、定义灯光亮度或颜色
按材质选择		选定场景中所有使用该材质的模型
材质/贴图导航器		打开"材质/贴图导航器"对话框，并显示当前材质所有图层

三、常用材质

1. 标准材质

标准材质的"明暗器基本参数"卷展栏如图 6-2-4 所示。

图 6-2-4 "明暗器基本参数"卷展栏

各明暗器的名称、作用及图示介绍见表 6-2-2。

▼ 表 6-2-2 明暗器的名称、作用及图示

名称	作用	图示
各向异性	模拟毛发、玻璃和擦拭过的金属等	
Blinn	一种带有"圆形高光"的通用模式，反光比较柔和，用于非金属物体	

续表

名称	作用	图示
金属	提供金属所需的高光效果，产生金属质感，适用于金属表面	
多层	它包括两个"各向异性"的高光区，两者彼此独立，可以各自调整。可以模拟较复杂的表面，如丝绸、油漆等	
Oren-Nayar-Blinn	具有"Blinn"风格的高光，但效果更加柔和，多用于模拟布、土坯、皮肤的效果	
Phong	类似于"Blinn"，但高光不像"Blinn"那么圆	
Strauss	快速创建金属或非金属表面，用于模拟光泽的油漆、亮光的金属等	
半透明明暗器	用于模拟表面很薄的物体，产生光穿透的效果	

2. Ink'n Paint（墨水油漆）材质

墨水油漆材质的参数面板如图 6-2-5 所示。

图 6-2-5　墨水油漆材质的参数面板

墨水油漆材质的参数介绍见表 6-2-3。

▼ 表 6-2-3　墨水油漆材质参数及作用

参数	作用
亮区	调节材质的固有颜色
暗区	控制材质的明暗度
绘制级别	调整颜色的色阶
高光	控制材质的高光区域
墨水	控制是否开启描边效果
墨水质量	控制边缘形状和采样值
墨水宽度	设置描边的宽度
最小值	设置墨水宽度的最小像素值
最大值	设置墨水宽度的最大像素值
可变宽度	勾选该复选框后，描边的宽度在最小值和最大值之间变化
轮廓	使物体外侧产生轮廓线
重叠	当物体自身相交时起作用
小组	勾画物体表面光滑组部分的边缘
材质 ID	勾画不同材质 ID 之间的边界

墨水油漆材质的渲染效果如图 6-2-6 所示。

图 6-2-6　墨水油漆材质渲染效果

3. 多维 / 子对象材质

"多维 / 子对象基本参数"卷展栏如图 6-2-7 所示。

图 6-2-7　"多维 / 子对象基本参数"卷展栏

"多维 / 子对象基本参数"卷展栏介绍见表 6-2-4。

▼ 表 6-2-4　多维 / 子对象基本参数及作用

参数	作用
设置数量	打开"设置材质数量"对话框 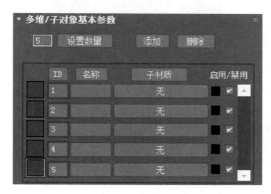

续表

参数	作用
添加	每单击 1 次该按钮可以添加 1 个子材质
删除	每单击 1 次该按钮可以删除 1 个子材质
ID	将子材质按其编号排序
名称	将子材质按其名称排序
子材质	将子材质按其"子材质"列名称排序
启用 / 禁用	启用或禁用子材质
材质 ID （"多边形"子层级状态下）	物体材质通道的标记号，用来和对应的物体面进行匹配

多维 / 子对象材质球如图 6-2-8 所示，多维 / 子对象贴图效果如图 6-2-9 所示。

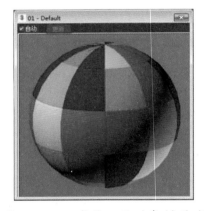

图 6-2-8　多维 / 子对象材质球

图 6-2-9　多维 / 子对象贴图效果

4. VRayMtl 材质

VRayMtl 材质的参数面板如图 6-2-10 所示。

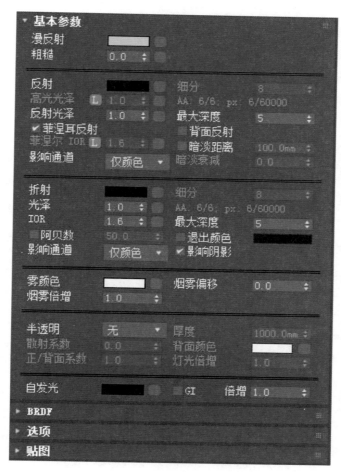

图 6-2-10　VRayMtl 材质参数面板

VRayMtl 材质的重要参数介绍见表 6-2-5。

▼ 表 6-2-5　VRayMtl 材质的重要参数及作用

参数	作用
漫反射	决定物体的表面颜色
粗糙	模拟物体表面粗糙程度，数值越大，粗糙效果越明显
反射	用颜色的灰度来控制物体表面反射的强弱。颜色越白反射越强，颜色越黑反射越弱

续表

参数	作用
高光光泽	控制材质高光大小，与"反射光泽"共同关联控制 参数值：0~1，0表示高光面积大，1表示没有高光，一般为0.5~0.8
反射光泽	也称"反射模糊"用来设置反射的锐利效果 参数值：0~1，1表示完美的镜面反射效果，随着参数值的减小，反射效果会越来越模糊
菲涅耳反射	勾选该复选框后，反射强度将由光线与物体表面的入射角决定，入射角越小，反射越强
细分	控制"反射光泽"的品质
最大深度	指反射次数，数值越大效果越真实，渲染时间越长
折射	用颜色的灰度来控制折射效果，颜色越白，物体越透明，进入物体内部的折射光线越多。颜色越黑，物体越不透明，进入物体内部的折射光线越少
IOR	透明物体的折射率
光泽	物体的折射模糊程度，数值越小，模糊程度越高
最大深度	物体对光线折射的最大次数
退出颜色	勾选该复选框，在折射次数达到最大时，利用退出色代替之后的颜色
影响阴影	勾选该复选框，透明物体将产生真实的阴影
雾颜色	透明物体的颜色
烟雾倍增	烟雾的浓度
半透明	半透明物体分为三类：硬（蜡）模型、软（水）模型和混合模型
散射系数	物体内部曲面对进入光线的散射数量，当参数值为0时，表示光线在所有方向散射，参数值为1时，表示不产生散射
正/背面系数	控制光线在物体上产生散射的方向
厚度	光线在物体内的穿透能力，数值大则整个物体被穿透，数值小则部分物体（相对较透的地方）产生半透明的较果
灯光倍增	散射光线穿透物体强度的大小

任务实施

一、打开文件

打开"项目六 \ 任务 2\ 模型 \ 三轮车 start.max"文件。

二、电镀材质

1. 用"M"键打开"材质编辑器"。

2. 选择第 1 个材质球，将材质球名称改为"电镀"，明暗器基本参数选择"（M）金属"，如图 6-2-11 所示。

3. 单击"贴图"，在"贴图"卷展栏中勾选"反射"复选框，然后单击该项后面的"无贴图"按钮，如图 6-2-12 所示。

图 6-2-11　材质编辑器

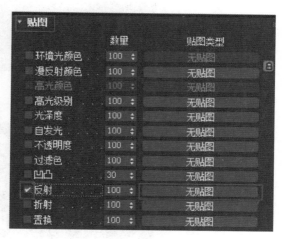

图 6-2-12　"贴图"菜单

4. 在弹出的"材质 / 贴图浏览器"对话框中双击"光线跟踪"。系统默认的反射数量是 10，我们可以结合场景中的实际需要调整反射数量的大小，如图 6-2-13 所示。

5. 单击"材质编辑器"工具栏中的 ，将反射数量改为 70。

6. 选中场景中的车把及车铃等，然后单击 ，将当前材质指定给选定的物体。

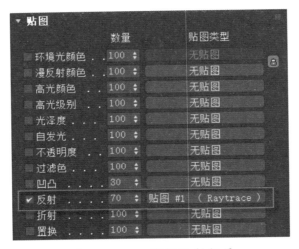

图 6-2-13　调整反射数量

三、塑料材质

1.选择第 2 个材质球，将其改名为"塑料"，明暗器基本参数选择"（B）Blinn"，如图 6-2-14 所示，将漫反射颜色设置为红 =241、绿 =236、蓝 =206。

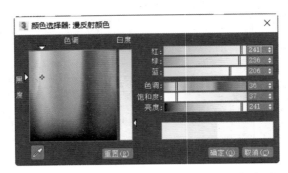

图 6-2-14　"Blinn"明暗器及漫反射颜色

2.打开"Blinn 基本参数"卷展栏，在"反射高光"中设置参数：高光级别 = 80、光泽度 = 50，如图 6-2-15 所示。

3.选中场景中的车座和轮胎，单击 🔧1，将当前材质指定给选定的物体。

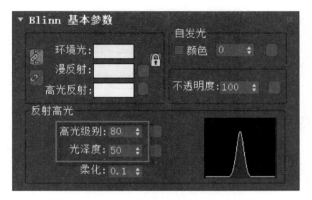

图 6-2-15 "反射高光"参数

四、电镀漆材质

1.选择第 3 个材质球，将名称改为"车架"，明暗器基本参数选择"（ML）多层"，如图 6-2-16 所示。

2.展开"多层基本参数"卷展栏，将漫反射颜色设置为红 = 255、绿 = 0、蓝 = 0，如图 6-2-17 所示。

图 6-2-16 "（ML）多层"明暗器

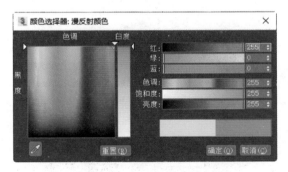

图 6-2-17 漫反射颜色

3.将"第一高光反射层"的颜色设置为红 =245、绿 =209、蓝 =67，如图 6-2-18 所示；然后设置级别 =200、光泽度 =80，如图 6-2-19 所示。

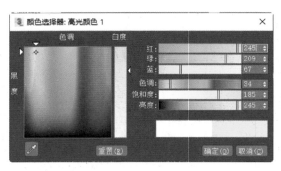

图 6-2-18 "第一高光反射层"颜色

图 6-2-19 "第一高光反射层"参数

4. 在"多层基本参数"卷展栏中，将"第二高光反射层"的颜色设置为红 = 245、绿 = 225、蓝 =111，如图 6-2-20 所示；然后设置级别 =200、光泽度 =80，如图 6-2-21 所示。

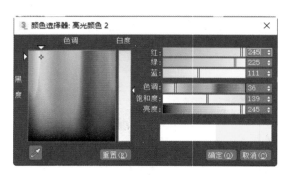

图 6-2-20 "第二高光反射层"颜色

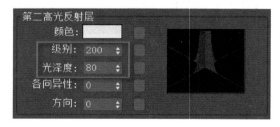

图 6-2-21 "第二高光反射层"参数

5. 选中场景中的车架，然后单击 ■，将当前材质指定给选定的物体。

五、硬塑材质

1. 选择第 4 个材质球，将其名称改为"脚蹬"，明暗器基本参数选择"（B）Blinn"，如图 6-2-22 所示。

图 6-2-22 "Blinn"明暗器

2. 漫反射颜色设置为红 = 67、绿 = 67、蓝 = 67，如图 6-2-23 所示。

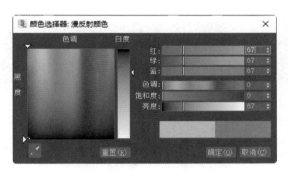

图 6-2-23 "漫反射"颜色

3. 打开"Blinn"基本参数卷展栏，在"反射高光"中设置参数：高光级别 =80、光泽度 =60，如图 6-2-24 所示。

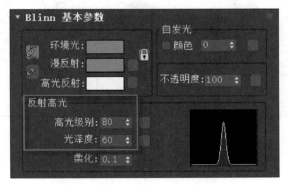

图 6-2-24 "反射高光"参数

4. 选中场景中的脚蹬，单击 🖼️，将当前材质指定给选定的物体。

六、漆面材质

1. 选择第 5 个材质球，将名称改为"挡板连接"，明暗器基本参数选择"（B）Blinn"。
2. 漫反射颜色设置为红 = 233、绿 = 135、蓝 = 29。
3. 在"反射高光"中设置参数：高光级别 =80、光泽度 =50。
4. 选中场景中的挡板连接，单击 🖼️，将当前材质指定给选定的物体。

七、渲染及效果图保存

1. 执行菜单中的"文件"→"保存"命令。
2. 通过以上材质设置，场景中的所有物体都有了属于自己的材质，可以单击主工具栏中的 🐒，进行渲染输出，效果如图 6-2-25 所示。

图 6-2-25　渲染效果

3. 单击渲染窗口中的按钮 🖫，在弹出的"保存图像"对话框中选择保存类型为"*.jpg"，文件名为"自行车效果图"，最后单击"保存"按钮。

小贴士

在给场景中的物体指定材质前，可以先将场景中的物体分类成组，这样既能提高工作效率，又能减少材质球的浪费。

 思考与练习

1. 材质的应用流程是什么？
2. 半透明明暗器的作用是什么？